{亚洲首位世界记忆总冠军　畅销力作
世界记忆纪录保持者　王峰　全新升级}

最强大脑

写给中国人的记忆魔法书

（第2版）

王峰
陈林 著
刘苏

北京大学出版社
PEKING UNIVERSIYT PRESS

图书在版编目(CIP)数据

最强大脑：写给中国人的记忆魔法书 / 王峰，陈林，刘苏著．— 2 版
—北京：北京大学出版社，2018.2
　ISBN 978-7-301-29028-6

　Ⅰ.①最… Ⅱ.①王… ②陈… ③刘… Ⅲ.①记忆术 Ⅳ.① B842.3

中国版本图书馆 CIP 数据核字(2017) 第 303598 号

书　　名	最强大脑：写给中国人的记忆魔法书（第 2 版）
	ZUI QIANG DANAO: XIE GEI ZHONGGUOREN DE JIYI MOFA SHU（DI-ER BAN）
著作责任者	王峰　陈林　刘苏 著
责任编辑	刘维　代卉
标准书号	ISBN 978-7-301-29028-6
出版发行	北京大学出版社
地　　址	北京市海淀区成府路 205 号　100871
网　　址	http://www.pup.cn　新浪微博:@北京大学出版社
电子信箱	zpup@pup.cn
电　　话	邮购部 62752015　发行部 62750672　编辑部 62764976
印　刷　者	固安兰星球彩色印刷有限公司
经　销　者	新华书店
	710 毫米×1000 毫米　16 开本　13 印张　158 千字
	2015 年 4 月第 1 版
	2018 年 2 月第 2 版　2023 年 10 月第 11 次印刷
定　　价	45.00 元

未经许可，不得以任何方式复制或抄袭本书之部分或全部内容。
版权所有，侵权必究
举报电话：010-62752024　电子信箱：fd@pup.pku.edu.cn
图书如有印装质量问题，请与出版部联系，电话：010-62756370

自序

在 2015 年 3 月 6 日江苏卫视的《最强大脑》节目中，我和德国挑战者西蒙（Simon）进行了快速记忆扑克牌项目的巅峰对决，最终我以 19.80 秒的成绩赢得了比赛，并刷新了该项目的世界纪录。很多人在看过这期节目之后，对我的表现感到十分惊讶，甚至把我当成了"神一般的存在"。对此，我需要澄清的是：第一，西蒙是个优秀的选手，此次对决中，他发挥欠佳，并未表现出真正的实力，这也是我颇感遗憾的地方；第二，我并不认为自己天赋异禀，只是有幸进行了脑力方面的训练。上高中的时候，我一直在为自己记不住英语单词而苦恼，要经常向英语成绩好的同学请教记单词的方法，所以当得知我成为"世界记忆大师"的时候，他们都大吃一惊。

要说我和常人有何不同，可能就是我对记忆比较感兴趣吧，这也是我在上大学的某一天，看到"大学生记忆协会"的牌子就走上前去咨询的原因。当时谁也不曾想到，半年之后，我便获得了"世界记忆大师"的终身荣誉称号。很多人对我这半年的经历感到好奇，认为这半年里必定发生了什么非同寻常的事，才使我有了脱胎换骨的变化。事实上，真没有什么特别的，无非是刻苦训练罢了。"吃得苦中苦，方为人上人"就是我的真实写照。所以，我一直强调，要想成为记忆大师，重要的不是先天的禀赋，而是后天的努力。

这当中，唯一称得上神奇的，则是系统的记忆训练方法。在接触记忆法的第一堂课时，就完全颠覆了我对记忆的理解：记忆绝不是死记硬背，而是有绝妙的方法，这就是右脑的形象思维记忆法。运用这种方法，可以轻松记住大量的信息，而且不会轻易忘记。通过训练，这种方法还可以提高我们的记忆能力和学习能力。

我个人的经历让我联想到，现在的孩子们课业繁重，虽然近年来国家提倡素质教育，呼吁给孩子们减负，但他们仍要把大量的时间花在学习上。另外，望子成龙的家长又会给孩子增加额外的学习任务。在这种情况下，减负几乎是不可能的。我想，如果将记忆方法应用到孩子的学习上，就可能大大提高学习效率，使他们原本四个月才能学完的东西，现在只需要两个月就能学完，那么多出来的两个月时间，就能用来提升其他方面的能力。我认为这才是真正的素质教育。我们每年会在全国各地选拔少部分学生，长期跟在我们身边学习、训练，他们回到学校后就成了同学眼中的"精英"。

在与西蒙对战之前，我有三年时间未"出山"，全身心致力于教育培训工作。一方面，教一些学生，希望他们长江后浪推前浪，能尽快超越我，达到记忆领域的新高度。另一方面，力图创造一种新的教育培训模式，培养学生的学习能力。如果这种教育模式能够进一步开发并推广开来，就可惠及无数学生，从而产生巨大的社会价值。对我来说，这也是一件值得骄傲的事情。

目录

第一章 记忆力是可以锻炼的　001

第一节 我们的大脑是如何记忆的　002
一、左右脑的功能分区　002
二、大脑的记忆规律　004

第二节 高效学习原理　009
一、组织学习策略　009
二、图像转换策略　010
三、时间节点策略　011
四、信息编码策略　012
五、细节联系策略　013

第三节 全脑学习与快速记忆法　013
一、数字定桩法　014
二、标题定桩法　020
三、身体定桩法　023
四、配图记忆　026
五、记忆宫殿　028
六、歌诀法　031
七、连锁法　032
八、故事联想法　035

九、配对联想法 036

十、分丝析缕法 038

十一、思维导图法 039

十二、场景法 041

十三、简图法 043

十四、图片定位法 044

第二章　语文知识轻松记 049

第一节 | 成语错字辨析记忆 051

第二节 | 文学常识记忆 053

一、中国文学中的各种"第一" 054

二、"二十四史" 056

三、作家及作品 057

第三节 | 诗词、文章的记忆 059

一、用场景法记忆古诗词 059

二、用简图法记忆古文 065

三、用标题定桩法记忆古诗词 069

四、用内定桩法记忆古诗词 072

五、用图片定位法记忆古诗词 076

六、用简图法记忆古诗词 079

七、用思维导图法记忆诗词、文章 084

八、现代文的记忆 086

目录

第三章　秒杀英语记单词　091

第一节　英语单词记忆原理　092

一、为何你就是记不住英语单词　092

二、英语单词背后的秘密　093

第二节　英语单词记忆方法　099

一、音译法　099

二、拼音法　102

三、字形记忆法　106

四、编码法　111

五、字源法　117

六、熟词法　118

七、综合训练　121

八、英语词组记忆方法　123

第四章　文科综合记忆勿忘我　125

第一节　政治记忆专题　126

一、用场景法、标题定桩法、图片定位法记忆"货币的五种职能"　126

二、用人物定桩法记忆"八荣八耻"　130

三、用歌诀法记忆"东盟十国"　132

四、用简图法、故事联想法记忆简短内容　132

五、用数字定桩法记忆辩证法　134

六、用思维导图法巧记文化的作用　137

第二节　历史记忆专题　139

一、用配对联想法记忆历代开国皇帝　139

二、记忆古代早期政治制度的特点　141
　　三、用故事联想法记忆"春秋五霸"　142
　　四、用歌诀法记忆"八国联军"　142
　　五、条约的记忆方法　143
　　六、记忆历史年代和事件　145

第三节 | 地理记忆专题　147

　　一、巧记中国省份　147
　　二、巧记世界各国及首都　148
　　三、巧记地理名词组　150
　　四、用故事联想法记忆"七大洲""四大洋"　152
　　五、用故事联想法记忆世界海之最　153

‖第五章‖ 理科综合记忆有妙招　155

第一节 | 物理记忆专题　157

　　一、用简图法记忆物理实验　157
　　二、用思维导图法记忆电路的特点　159
　　三、数据性概念记忆　160
　　四、用简图法记忆物质的物理变化　161

第二节 | 生物记忆专题　162

　　一、用简图法记忆显微镜的使用过程　162
　　二、用故事联想法记忆短小知识点　163
　　三、用故事联想法记忆"垃圾食品"的定义　163
　　四、用故事联想法记忆重大的生物作用　164
　　五、用配对联想法记忆维生素缺乏会产生的症状　164
　　六、用定桩法记忆人类活动对生物圈的影响　165

目录

七、用故事联想法记忆陆地动物适应陆地环境的主要特征　167

八、用简图法记忆动物的领域行为特点　167

九、用歌诀法记忆常见的植物激素　168

十、用简图法记忆哺乳动物的主要特征　169

‖附录‖ 173

附录1 | 数字编码表　174

附录2 | 常用字母组合编码　177

附录3 | 200个必修单词记忆法　179

第一章

记忆力是可以锻炼的

第一节
我们的大脑是如何记忆的

一、左右脑的功能分区

你知道大脑的分工以及大脑的记忆规律吗？在你回答这个问题之前，让我们先来做一个有趣的小测试：请你在4秒钟内说出下面字体的颜色。

红橙绿黄黑蓝紫白
字体颜色小测试

这个测试很简单吧，但你说对了吗？事实上，有80%的人都会说错。不要小瞧上面的几个字，它们包含两种信息：一种是文字信息，另一种是颜色信息。虽然这两种信息对我们而言都简单明了，但人的大脑是用不同的部位来处理这些信息的。当这两部分同时工作的时候，就会造成思维混乱，以致我们连简单测试都通不过。为了更好地说明这个问题，我们需要了解一下大脑的构造和分工。

人的大脑由左脑和右脑组成，通过由大约2亿束神经纤维组成的胼胝体进行频繁的信息交换。人脑左、右半球有各自独立的意识活动——左脑主要负责语言和逻辑思维，而右脑则可以做一些难以转换成文字信息的工作，通过表象代替语言来进行思维。

科学家把左脑称为"自身脑"，把右脑称为"祖先脑"。右脑储存着数万年的人类智慧，即祖祖辈辈的智慧结晶。与右脑对应的左脑则储存着人一辈子所获得的信息，从时间上看，最多七八十年。虽然因年龄、生存环境的不同，每个人获取的信息量也不同，但无论如何，右脑储存的信息远远多于左脑。有资料表明，右脑的信息存储量是左脑的100万倍。这个数据未必精确，但是可以说明右脑的潜能非常巨大！

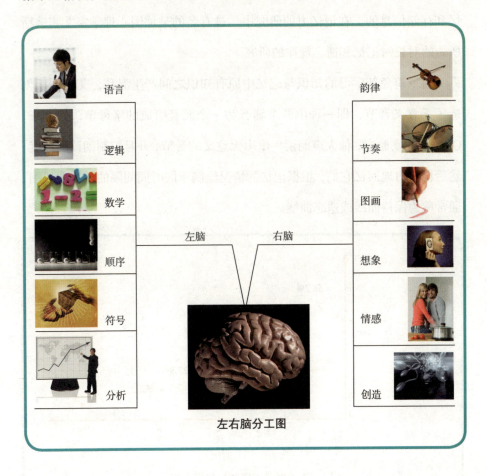

左右脑分工图

从左右脑分工图可以看出，我们之所以会在上述字体颜色小测试中出错，是因为在我们快速辨读颜色的过程中，文字信息与颜色信息交织在一起，导致我们的左右脑出现短暂性不协调，从而无法做出正确的判断。

二、大脑的记忆规律

知道了大脑左右脑的功能分工后，我们还要进一步了解大脑是如何记忆和存储信息的。在记忆力的研究中，最有名的是德国心理学家艾宾浩斯所做的对长时记忆和遗忘规律的研究。

为了避免新学习的知识与记忆中原有知识之间产生混乱，艾宾浩斯创造了无意义音节，即一种由两个辅音和一个元音组成的字母串，如 POF、QAZ 等。实验中，他大声朗读一串串无意义的音节，并且控制朗读的速度，然后再努力地回忆它们，根据记忆的情况绘制不同时间间隔的记忆曲线图，通常称为保持曲线或遗忘曲线。

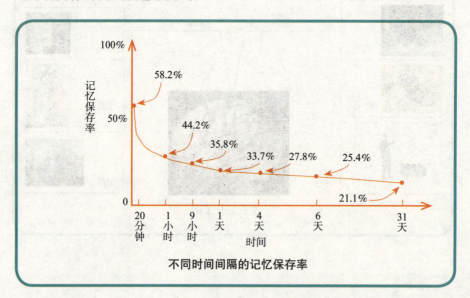

不同时间间隔的记忆保存率

从艾宾浩斯的遗忘曲线可以看出,根据时间间隔的不同,人们的遗忘进程是不均衡的:在第 1 个小时内,保存在长时记忆中的信息迅速减少,然后遗忘的速度逐渐变慢。根据艾宾浩斯的研究,即使在距初学 31 天后,人们对所记忆的信息仍然有所保存。

艾宾浩斯的开创性研究带来发了两个重要的发现。

一是描述遗忘进程的遗忘曲线。心理学家后来用单词、句子甚至故事等材料代替无意义音节进行了研究,结果发现,不管要记的是什么材料,遗忘曲线的发展趋势都与艾宾浩斯的研究结果相同。

二是揭示了在长时记忆中的信息保存能够持续多长时间。通过研究发现,信息可以在长时记忆中保留数十年。因此,人在儿童时期学过的东西,即使多年没有使用,一旦有机会重新学习,也会很快恢复到原有水平。如果不再使用这些东西,表面上看好像完全忘记了,但事实上绝不会彻底遗忘。

至于人们为何会遗忘,研究者们给出了两种解释:消退和干扰。消退理论认为,遗忘是记忆痕迹得不到强化而逐渐减弱,以致最后消退;干扰理论认为,长时记忆中信息的遗忘主要是因为在学习和回忆时受到了其他刺激的干扰,而一旦干扰被解除,记忆就可以恢复。

干扰又可分前摄干扰与倒摄干扰两种。前摄干扰指已学过的旧信息对学习新信息产生的抑制作用,倒摄干扰指学习的新信息对回忆旧信息产生的抑制作用。一系列研究表明,在长时记忆里,信息的遗忘尽管有自然消退的因素,但主要是由信息间的相互干扰造成的。一般说来,先后学习的两种材料越相近,干扰作用越大。因此,如何合理安排这样两种材料的学习,才能减少彼此干扰,是非常值得研究的。

而干扰又是如何导致遗忘产生的呢?研究已经证明,几乎所有长时记忆的遗忘都可归因于某种形式的信息提取失败。其实，信息在记忆中依然存在，干扰所破坏的仅仅是提取信息的能力。平时，人们提取信息的速度非常迅速，几乎是自动化的过程。但有些时候，需要借助于特殊的提取线索。提取线索能够使我们回忆起已经忘记的事情，或再认出储存在记忆中的东西。当回忆不起一件事情时，我们应该从多方面去寻找线索，它对提取的有效性主要依赖于以下几个条件。

1. 编码信息联系的紧密程度

在长时记忆中，信息经常是以语义方式组织的，因此，与信息的意义紧密联系的线索往往更有利于人们对信息的提取。例如，故地重游时之所以容易触景生情、浮想联翩，是因为故地的一草一木都紧密地与往事联系在一起，能激发我们对昔日的回忆。

2. 情境和状态的依存性

一般来说，人们努力回忆在某一环境下学习的内容时，结合环境往往能够回忆出更多的东西。因为我们在学习时，不仅对要记的东西予以编码，同时也会将许多环境特征编入长时记忆。这些环境特征在以后的回忆中就成为有效的提取线索。环境上的相似性有助于或有碍于记忆的现象叫作"情境依存性记忆"。一项研究表明，让学生在一个房间里学习，并在同一个房间接受测试，其记忆效果比在别的房间接受测试要好。尽管情境依存性效应并不总是很强，但对某些学生来说，在将要进行考试的教室里复习，多少会对提高成绩有所帮助。

同外部环境一样，学习时的内在心理状态也会被编入长时记忆，成为一种提取线索，叫作"状态依存性记忆"。例如，如果一个人在抽烟的情况下学习新的材料，而且测试也在抽烟的条件下进行，记忆效果一般会更好些。

3. 情绪的作用

个人情绪状态和学习内容是否匹配也会影响记忆。一项研究要求一组测试对象阅读一个故事，其中包含着各种令人高兴和悲伤的情节，然后在不同条件下让他们回忆。结果显示，当他们感到高兴时，回忆出来的多是故事中的快乐情境，而在悲伤时则相反。可见，心境一致性效应既存在于对信息的编码中，也包含在对信息的提取上。

情绪对记忆的影响强度取决于情绪类型、强度和要记忆的内容。一般来说，积极情绪比消极情绪更有利于记忆，强烈的情绪体验能导致异常生动、详细、栩栩如生的持久性记忆。此外，当要记忆的材料与长时记忆中保留的信息没有多少联系时，情绪对记忆的影响最大。这可能是由于在这种情况下情绪是唯一可利用的提取线索。

艾宾浩斯还发现：遗忘的进程不仅受时间因素的制约，还受其他因素的制约。学生最先遗忘的是没有重要意义的、自己不感兴趣的或是自认为不重要的材料。

了解了大脑的遗忘规律后，我们再来看看记忆的过程。如何根据大脑的构造和记忆储存规律对抗遗忘规律，达到保持长久记忆的目的呢？这就需要我们来了解记忆的过程：大脑接收到外部的语言、形象信息后，右脑会像录制光盘一样将这些信息记录、储存下来，左脑则会贴上标签进行归类整理，将信息收进大脑记忆库中；当我们想要回忆某个信息时，左脑会进行扫描、分析和提取。

由此我们知道，如果记忆的素材按照右脑方式进行存储，就会记忆得很深刻。右脑的记忆方式是：韵律、节奏、图画、想象、情感、创造。也就是说，我们记忆信息时，如果尽量将信息转化成有韵律、节奏、图画、想象、情感和创造性元素，就会记忆得比较深刻。这也解释了一个让很多人都疑惑的问题：当遇到多年前的一位朋友时，明明看着很眼熟，却怎么都想不起来他叫什么名字。这是因为人的相貌属于形象信息，主要受右脑控制；人的名字属于语言符号，主要受左脑控制。

超强的记忆力离不开右脑作用的发挥。大脑记忆形象信息的效果大大优于记忆抽象信息。但是，人们在记忆时往往没有很好地主动运用这一规律。多少年来，人们在学习中、工作中，无论是机械记忆还是理解记忆，大多数情况都是靠左脑负载，右脑或闲着，或只是起被动辅助和衬托作用，没有挖掘和发挥右脑担负的形象记忆功能，而只有当要记忆的信息本身是形象信息时才被动地利用右脑。

如果让右脑记忆大量信息，右脑会自动对这些信息加工处理，并衍生出创造性的信息。也就是说，右脑具有自主性，能够发挥独自的想象力，把创意图像化。如果用左脑记忆的话，无论你如何绞尽脑汁，它所记忆的信息都是有限的。如果是用右脑，那么只要你充分发挥想象力，就能够记忆大量信息。

上面的内容也许很枯燥，其实你只需要记住：根据自己的遗忘曲线，合理安排复习的时间；根据信息干扰的方式，交叉学习各个学科；更重要的是，要学会使用右脑！

第二节
高效学习原理

不知道你有没有这样的苦恼，明明花了很多时间和精力去记忆，却又很快遗忘。很多人埋怨自己脑子笨，记不住东西，在我们看来，其实是没有掌握好的记忆方法。如果掌握了好的记忆方法，就能够轻松记住信息，脱离记忆的苦海。在进一步了解学习记忆法前，我们先来了解一下记忆的策略。

一、组织学习策略

我们参加过华东师范大学专攻记忆心理学的胡谊教授的一项研究，为期一年半。我们接受的实验任务是记忆大量无规则或有规则的信息，而实验的结果是：我的记忆效率高出常人约10倍。

之所以有这样的结果，是因为我们运用了脑科学界众所周知的原理：通过创造概念之间的联系来提高记忆力。事实上，那些按逻辑顺序组织，形成层次结构的单词要比随机组织的单词更容易让测试者记住，测试者对那些有组织的单词通常能多记住40%左右。这一结果至今仍然令科学家们困惑：将需要记住的数据点之间嵌入联系，意味着需要记忆的信息量必然增加，按道理应该使记忆变得更加困难才是，结果却恰恰相反。事实证明：如果能将所要记忆的信息有策略地进行组织，并在几个词汇之间建立起词意上的联系，我们就可以更加容易地回忆起细节。而如果能将这种联系进一步精细化，记忆效果会更好，并且对于记忆效率来说，组织和精细化的过程一点儿也不会浪费时间。

认知心理学研究表明，归纳、比较是提高记忆效率的一种有效的组织策略。把相互关联的材料归为一类，再按不同的特点分成组块，就可以通过组块中的一个对象来把握其他对象，达到触类旁通、以一记多的目的。

以记忆英文单词为例，把"father"（爸爸）和"mother"（妈妈）放在一起，根据"反义同源"的现象，体会到"f"与"m"在音义上的相反相承，就能很好地理解"fake"（伪造）与"make"（制造）这组单词了。

二、图像转换策略

为什么形象的信息容易记忆呢？我们先来看下面两个问题。

其一，在发明文字之前，人类是通过图形来交流或者记录信息的，这么做的好处是形象生动、易于记忆。

其二，对同一文学内容，是看图书容易记忆，还是看电影容易记忆？答案也是显而易见的，因为电影充分调动了大脑的形象记忆功能。

人们认识客观事物依靠感知器官，而感知正是从直观形象开始的。实物的记忆是最原始的，而对抽象概念系统知识的记忆则需要一定的知识结构做基础。这是我们自古以来的共识。比如我们常说"百闻不如一见""千言万语不及一张图"等。由此可见，图像功能可以很好地帮助我们学习。

图像记忆可以运用到学生各个科目的学习中。当我们明白其重要性之后，可以在学习时充分加以运用。还是以记忆英文单词为例：

shoot，射击 / shout，呼喊 / shut，关闭

其实这三个单词都含有"射击"的意思——"oot"形状像数字"007"，

当我们想到著名的间谍007时，"shoot"就可以想象成007用手枪射击的情形；"shout"是喉咙把声音"射"到"外面（out）"去；"shut"是将门闩推过去，其过程就像子弹射出去一样。

把这三个单词综合起来，我们可以想象成这样的画面：**屋子里有坏人施暴，这时有人大声呼救（shout），007在外面（out）听到了，跑进屋里关上（shut）房门朝坏人射击（shoot）**。这样你就能很容易地记住这一组单词，而且不容易忘掉。

三、时间节点策略

这个策略的依据就是上文提及的艾宾浩斯的遗忘曲线。英国剑桥大学一心理学机构曾经召开一次会议，与会者主要是研究生和临床医生。他们在记忆方面不存在任何问题。会议结束两周后，这些与会者被要求回忆会议的细节并记录下来。心理学家伊丽莎白·洛夫特斯说："当把与会者的回忆和事实进行对比后，我们惊讶地发现，每个人平均只回忆起了8%的细节。不仅如此，其中还有一半的细节是错误的。他们还回忆出一些根本没有发生过的事情。这些事情可能发生在其他时间、场合，但被错误地记忆为发生在这次会议上。"由此可见，不经过复习，我们会遗忘掉学习过的绝大部分知识，这似乎很夸张，却是事实。

因此，在学习的时候，为了记忆更深刻，我们只需要以固定的时间间隔重复信息，就可以延长记忆的生命周期。也就是说，要想记住所学的知识，应该在离记忆时间点最近的时候就开始复习。我们给出的建议是在学习后的一小时、晚上睡觉前、第二天醒来后、一周后、一个月后及时复习。

四、信息编码策略

记忆按不同的标准可以分成很多的类别，从是否涉及"自觉意识"层面可以将记忆分成两大类别：可表述型（如我们要背诵的单词表）和不可表述型（如骑自行车需要的运动技能）。而可表述型记忆有四个步骤：编码、存储、检索和遗忘。

其中，编码就是将数据转换成一种代码。而创造一种代码总要涉及将信息从一种形式转换成另外一种形式。

编码形式有两种，其中一种为自动加工。这种编码形式使我们无须刻意去记忆，比如当别人问我们昨天都发生了什么时，我们几乎可以把一天发生的事情从头到尾描述出来。这个记忆过程是自动完成的，你没有刻意地进行加工，也没有意识到正在进行加工，几乎不占用认知资源。但自动加工只能回忆粗线条的内容，很难回忆起细节来（除非某些细节再发生时占用了你的注意力资源）。而对于学习来说，很多都是细节的记忆，于是遗忘就产生了。这时，除了自动加工，还有一种是手动加工，这种编码形式需要对事物进行精细编码。编码越精细，对该信息的记忆就越扎实。

举例说明：

第一组：tale（故事）——给你讲个故事，从前有座山，山上有座庙，庙里有两个和尚，突然庙塌了（tale）。

第二组：luck（幸运）——有一次我们从首都机场打车回市内，司机说："路上（lu）再碰碰运气，看还有没有乘客（ck）。"

五、细节联系策略

如果能将所要记忆的信息有策略地进行组织,将几个字母的词意之间建立起联系,我们就更加容易回忆起细节。

例如,单词"down"(往下),试试对其进行精细化编码:字母"d"的写法就好像东西挂不住要"往下"掉,"o"形状像"水滴","wn"是"屋内"的拼音缩写。

想象画面:一滴水欲往下滴向屋内。由此很容易记住"down"这个词及其含义。

第三节
全脑学习与快速记忆法

在各种记忆法中,有一种叫作定桩法,应用非常广泛且效果显著。所谓"定桩法",是把有一定顺序的事物引申出来,作为记忆的钩子与要记忆的内容建立联结的方法。运用定桩法时,相当于把脑中已经记住的信息进行整理,变为图像,作为桩子用,对要记忆的转化为图像的新信息,运用夸张的联想和想象,和已经记住的图像进行联结。根据桩子的不同,定桩法又可分为数字定桩法、标题定桩法、身体定桩法等。下面介绍几种常用的定桩法,你学会后可以试着拓展一下,因为万事万物都可以成为记忆的桩子。

一、数字定桩法

数字定桩法是一种常用的定桩法，它采用数字作为桩子来帮助我们记忆。这种方法非常适合记忆有一定顺序的信息，比如"天干地支""三十六计"等。

现在我们就通过记忆"三十六计"来体验一下数字定桩法。很多人都熟知"三十六计"，但是往往只能答出"走为上计"，似乎"三十六计"就只剩下经典的最后一计"走为上计"。记忆"三十六计"，不仅要记住每条计的名称，还要记住它的顺序。如果用其他的方法，你很难记住这些信息，数字定桩法则非常适合对"三十六计"的记忆。

1. 借刀杀人（第3计）

说起"借刀杀人"，大家都不陌生，历史上有很多鲜活的例子。比如，明朝末年有一员虎将，叫袁崇焕。他镇守边关，多次重创大金大汗努尔哈赤父子所率领的大军。可以说，他是清军入关最棘手的敌人。为了杀掉袁崇焕，其子皇太极利用多疑的崇祯帝和贪财的大臣，造谣诬陷，最终借崇祯帝的刀把袁崇焕杀了。

其实"借刀杀人"这个词根本不需要记，难点在于如何把它和对应的数字紧紧地绑在一起。采用数字定桩法记忆可以分成三步。第一步，将数字转化成具体的形象，这就要借用数字编码了。所谓数字编码，就是把多个数字固定编码成对应的图像。比如"3"，它对应的编码就是耳朵，因为"3"的外形与耳朵很相似。第二步，"借刀杀人"可直接记忆，无须做太多转化。第三步，将"耳朵"和"借刀杀人"相联结，这就需要发挥我们的联想功力了。皇帝的耳朵听到了别人故意诬陷他人的话，结果信以为真，杀了忠臣，这就是奸臣的"借刀杀人"之计。经过这三步，就不难记住第3计是"借刀杀人"了。

2. 暗度陈仓（第8计）

此计来源于韩信"明修栈道，暗度陈仓"的典故。秦朝末年，沛公刘邦派大将韩信出兵东征。出征前，韩信派许多士兵修复已经烧毁的栈道，摆出要从此路杀出的架势。关中守军闻讯，密切注视栈道的修复情况，并派主力部队加紧防范。"明修栈道"吸引了守军的主要兵力，而韩信却派大军绕道陈仓，发起突然袭击，终于赢得胜利。

这个成语几乎也是众所周知，关键在于如何与其数字联结。"8"对应的数字编码是眼镜。联结之后就是"戴着眼镜在黑暗中暗度陈仓"。

3. 笑里藏刀（第10计）

战国时期，秦国派法家代表人物卫鞅率兵攻打魏国。魏国闻讯，速派卫鞅故友公子卬前去抵御。双方势均力敌。卫鞅想很快取得胜利已不可能，便策划了一场假讲和的骗局。这天，卫鞅派人给公子卬送去一封信。信的大意就是希望双方可以化干戈为玉帛。公子卬见信后，甚为高兴，以为卫鞅真有诚意，便按照他指定的地点来参加宴会，谈判结盟。谁知，他还没有走到谈判地点，便遭到卫鞅军队的伏击，最后公子卬及其全军被俘虏到秦国。魏惠王听到这个消息，惶恐不安，连忙答应割让河西的大片土地给秦国。这便是"笑里藏刀"之计。

此计该如何进行记忆呢？"10"对应的编码是棒球，这也是根据数字的外形转化而来的——"10"像不像一个人用球棒打棒球？"笑里藏刀"就可以想象成"一个打棒球的人微笑着，其实在棒球棒里藏了一把刀"。这样你便成功地记住了第10计。

我总结的"三十六计"的记忆方法见下表。你也可以开动脑筋，想到更好的方法。

"三十六计"编码表

序号	编码	计谋	联想
1		瞒天过海	点着蜡烛（1）在黑夜中**瞒着天**，**过了大海**
2		围魏救赵	**围魏救赵**时看到了一群鹅（2）
3		借刀杀人	皇帝的耳朵（3）听到了别人故意诬陷他人的话，结果信以为真，杀了忠臣，这就是奸臣的"**借刀杀人**"之计
4		以逸待劳	两人游泳比赛，小明游了一千米，但是小李乘着帆船（4）**以逸待劳**，很快到达终点了
5		趁火打劫	珠宝店起火后，小明躲在屋顶用钩子（5）钩珠宝，**趁火打劫**
6		声东击西	用汤勺（6）敲打**东**边，引人注意后再从**西**边溜进了家里

第一章　记忆力是可以锻炼的

（续表）

序号	编码	计谋	联想
7		无中生有	用锄头（7）在院子里能挖出财宝？**无中生有**吧
8		暗度陈仓	戴着眼镜（8）在黑暗中**暗度陈仓**
9		隔岸观火	**隔岸**看到起**火**后，立刻吹哨子（9）报警
10		笑里藏刀	一个打棒球（10）的人微**笑**着，其实在棒球棒**里藏**了一把**刀**
11		李代桃僵	用一双筷子（11）去夹**李**子和**桃**子，把它们的位置互换一下
12		顺手牵羊	一位顾客买椅儿（12）的同时，**顺手牵**走绑在椅儿上的**羊**
13		打草惊蛇	医生（13）**打草**药**惊**动了**蛇**
14		借尸还魂	**借**钥匙（14）打开坟墓大门，让**尸体还魂**

· 017 ·

（续表）

序号	编码	计谋	联想
15		调虎离山	鹦鹉（15）骗老虎离山林，猴子称了霸王
16		欲擒故纵	因为想要（欲）擒住这支队伍，所以故意让他们放松警惕纵容他们在山林里摘石榴（16）吃，等到时机一举俘获
17		抛砖引玉	用仪器（17）检测这是一块砖还是玉
18		擒贼先擒王	要想擒住贼、必须先擒住戴着腰包（18）的王（钱都在他身上）
19		釜底抽薪	用衣钩（19）钩住锅底柴火，把它抽出来
20		浑水摸鱼	用香烟（20）将水搞浑，再摸鱼
21		金蝉脱壳	鳄鱼（21）咬金蝉，它脱掉外壳逃走了
22		关门捉贼	双胞胎（22）关门一起捉贼

第一章 记忆力是可以锻炼的

（续表）

序号	编码	计谋	联想
23		远交近攻	和尚（23）远游交朋友，防止恶霸近处攻击寺庙
24		假道伐虢	在假道路上听到闹钟（24）响起，就立刻启程讨伐敌对国（虢）家
25		偷梁换柱	偷了二胡（25）的横梁换成一根小柱子
26		指桑骂槐	指着河流（26）对面的桑树骂槐树
27		假痴不癫	戴着耳机（27）假装痴癫
28		上屋抽梯	你上屋顶后，恶霸（28）抽走了梯子，让你无法下楼
29		虚张声势	饿囚（29）在监狱里虚张声势要越狱
30		反客为主	抢走我的三轮车（30）说是自己的，真是反客为主

（续表）

序号	编码	计谋	联想
31		美人计	鲨鱼（31）追杀**美人**鱼
32		空城计	诸葛亮扇扇儿（32），上演**空城**计
33		反间计	星星（33）落入凡间（**反间**）
34		苦肉计	用三根丝线（34）上吊，就是**苦肉计**
35		连环计	山虎（35）身上有很多**连环**的黑纹和黄纹
36		走为上计	山鹿（36）看见敌人，**走上**山去了

二、标题定桩法

定桩法的种类繁多，除了上面提及的数字定桩法之外，还有一个在文科记忆方面常用的方法——标题定桩法。所谓"标题定桩法"，就是用问答题的标题帮助我们记忆答案，使标题与答案之间形成一一对应的关系。具体的做法是：

第一，从标题里选出用来定桩的关键字（词），并且尽量将每个关键字（词）转换成形象的事物。

第二，对答案里的每个知识点进行理解，提取出每个知识点的核心字（词），以便在回忆时能以点带面。

第三，将在知识点中提取出来的关键字（词）与标题里的关键字（词）联系起来。

这种方法又称为"自身定桩法"。若是标题里面的关键字（词）实在无法与知识点产生联系，就可以考虑借物定桩，比如尝试着用几个字去概括一下这道题的核心内涵或主题思想，想一个与这道题相关的成语、诗歌、俗语也可以。这种方法的适用范围比较广，接下来，我们通过一些案例来体验一下标题定桩法。

《辛丑条约》的主要内容：

① 中国向各国**赔偿白银 4.5 亿两**，分 39 年还清，本息 9.8 亿两。

② **拆毁北京至大沽口的炮台**，准许各国派兵驻守北京至山海关铁路沿线要地。

③ **划定北京东交民巷为使馆界**，界内不许中国人居住，由各国驻兵保护。

④ **惩办义和团运动中参加反帝斗争的官吏**，永远**禁止**中国人民成立**反帝**性质的**组织**，对反帝运动镇压不力的官吏，"即行革职，永不叙用"。

⑤ **总理衙门改为外务部**，位居六部之首。

由于每个知识点之间不存在关联性，所以，我们记忆条约时一般采取故事法、标题定桩法或者对比法，这里以标题定桩法为例。然而，我们用"辛丑条约"四个字去定桩显然不合适，因为"条约"两个字通用，不具有特别性。而且这个条约又有五条主要内容，所以，我们需要用五个字来定桩。《辛丑条约》又称为《北京议定书》，我们就可以用这个标题去定桩。

我们先对标题桩进行转化。"北"可以拓展为"北京"或者"北方"，与第二条的内容正好匹配。"京"取谐音为"金"，与赔款数相联系是极好的。"议"与"义"同音，刚好与"义和团"联系起来。"定"通过增字可以转化为"划定"，正好对应第三条的区域划定。第五条的主要内容是设立政府机构，那么"书"可以转化为"书记"或者"尚书"。因此，最后整理的结果如下：

北——②（拆毁北京至大沽口的炮台）。"北"可以联想到"北方"失去了一定的防御能力，因为连北京至大沽口的炮台都拆了，而且准许各国派兵驻守北京至山海关铁路沿线要地。

京——①（赔偿白银4.5亿两）。"京"可谐音想到"金"，赔了很多"金钱"，赔4.5亿两白银不是件简单的"事务"，"事务"音似"45"。

议——④（惩办义和团运动中参加反帝斗争的官吏，禁止成立反帝组织）。"议"正好与"义"同音，所以就能想到"惩办义和团运动中的官员，禁止成立反帝组织"。

定——③（划定北京东交民巷为使馆界）。"定"想到"划定"界限，所以就成了"划定北京东交民巷为使馆界，界内不许中国人居住，由各国驻兵保护"。

书——⑤（总理衙门改为外务部）。"书"想到"书记"，可以联想成"派了位书记去管理外务部"。

另外,通过上面的例子,我们可以总结两个要点:一是记忆条约时要注意选择合适的标题去定桩;二是注意谐音字(词)的灵活运用。

三、身体定桩法

身体定桩法是一种初级的定桩法,就是要在我们熟悉的身体上找出若干个"桩子"来辅助我们记忆。记忆方面有条规律:你想记住什么,就把它跟你熟悉的事物联系起来。身体的每个部位所处的位置是我们都很熟悉的,所以我们要记住什么,都可以拿自己的身体来定桩。下面我们就试试用身体定桩法来记忆十二星座。

星座在日常生活中的应用非常广泛,甚至有很多人把星座当成识人的参考标准。但是,很少有人清楚星座的排序。如何记住这十二星座的顺序呢?我们尝试一下身体定桩法。

首先,我们要从自己身上找到十二个部位:

头发、眼睛、耳朵、嘴巴、脖子、肩膀、前胸、肚子、大腿、膝盖、小腿、脚。

其次,我们要把十二星座与这十二个身体部位联系起来。

1. 头发——白羊座

头发和白羊座怎么联系起来呢?这就要借助联想,找一下二者的相似点。不难发现,白羊的羊毛属于毛发,我们的头发也是毛发。那么我们就可以这样想象:一夜之间,头上的黑发突然变成了白色的羊毛,而且是卷起来的,像喜羊羊一样。

2. 眼睛——金牛座

眼睛如何与金牛联系呢？"我们的眼睛看到了一头金色的牛"，从逻辑上说，这是完全合理的。但是，你可能感觉这过于平凡了，不会留下深刻的印象。毕竟，你的眼睛可以看到很多东西，怎么记得清楚是一头金牛呢？为了记得更牢固，我们得采取更多的方法。比如，把二者双剑合璧，想象你有了一双金光闪闪的牛眼睛，是牛魔王和孙悟空火眼金睛的合体，这样是不是很酷？

3. 耳朵——双子座

看到这两个名词，显而易见的联系就是它们都是双数。然后，进一步地思考，耳朵和双子有什么关系。我们可以把"双子"想成两个鸡蛋，另外耳朵又是有孔的。这就不禁让人想到，有人需要安静学习的时候会戴上海绵耳塞。现在有位奇人戴的不是海绵耳塞，而是两只耳朵分别塞进了一个鸡蛋！这样的场景是不是很好笑呢？让人感觉有点像外星人来了。

4. 嘴巴——巨蟹座

看到巨蟹，你会想到什么？是不是巨大的螃蟹？你喜不喜欢吃螃蟹呢？用什么吃螃蟹呢？当然是嘴巴。这个联想水到渠成，看见一只大螃蟹，一口咬住它。想象自己吃着螃蟹的样子，你就会记住了。

5. 脖子——狮子座

想象一下，一头凶猛的狮子跑过来，看见猎物，一口咬断猎物的脖子。

第一章 记忆力是可以锻炼的

这样就把脖子和狮子联系在一起了。

其他的内容你自己联想吧。

身体部位与星座对应表

序号	身体部位	星座	联想
1	头发	白羊座	白头发,就像喜羊羊
2	眼睛	金牛座	金色眼睛非常大,像牛眼
3	耳朵	双子座	两只耳朵塞了鸡蛋
4	嘴巴	巨蟹座	嘴巴咬着巨大螃蟹
5	脖子	狮子座	脖子被狮子咬断了
6	肩膀	处女座	一个小女孩耸动肩膀跳舞
7	前胸	天秤座	心胸一杆秤,公平又公正
8	肚子	天蝎座	蝎子也是有肚子的
9	大腿	射手座	大腿被弓箭射中了
10	膝盖	摩羯座	膝盖是关节,摸关节发音似摩羯(摸节)
11	小腿	水瓶座	小腿像水瓶
12	脚	双鱼座	脚踩两条鱼

当你如此记完以后,其实不只能够正背倒背,还能够任意点背了。不信你试试,第3个星座是……第7个星座是……我想你肯定可以回答出来,只是速度有快慢罢了。

我们还可以把代表月份的数字加进去,白羊座对应的月份是3月和4月,数字合在一起记忆就是"34","34"的编码是"三丝",你可以想象白色的羊毛里有三根丝,就像孙悟空脑后的三根救命毫毛,这样就记住了。如果记不住编码也没关系,白羊座的序号是1,而对应的起始时间是3月,也就是相差2,所以前面10个星座的序号加上2就是对应的起始月份了。

水瓶座和双鱼座特别一点，涉及跨年的问题，需要将序号加上2以后再减掉12。

定桩法不仅能解决我们记忆的问题，还能精确地定位信息。更重要的是，前后信息之间的记忆可以互不影响，就算遗忘了其中的一个，其余的信息还是能被准确无误地回答出来，这比其他的记忆法更有优势。

四、配图记忆

所谓"配图记忆"，就是利用教材上的配图来记忆知识点，将知识点定在图像上，也可以称之为"图像定桩法"。其中极为关键的步骤就是在配图上找到合适的桩，并准确找出知识点中的关键字（词），将关键字（词）和桩联结即可。下面我们就来学习一个奇妙的案例。

> 梭伦改革的内容：
> ①根据**财产**多寡，将公民划分为**四个等级**，财产越多者等级越高，权力越大。
> ②**公民大会**成为**最高权力机关**，各等级公民均可参加。
> ③建立**四百人议事会**，前三等级公民均可入选。
> ④建立**公民陪审法庭**。
> ⑤**废除债务奴隶制**等。

下面是人民教育出版社版教材上关于这一内容的配图：

第一章 记忆力是可以锻炼的

梭伦改革

我们可以用图中的人和物定桩来进行记忆。第一条的关键词是"财产"和"四个等级",我们不妨选取图中金碧辉煌的桌子,这很容易让人想到财产,而且四个桌脚与"四个等级"联系起来十分恰当。第二条的关键词是"公民大会"和"最高权力机关",我们观察到图中所有的人都是站着的,只有一人挨着桌子就座,足见此人地位最高、权力最大,刚好体现了"最高"二字,所以我们不妨想象此人正在召开公民大会,而且掌管最高权力机关。第三条的关键词为"四百人""议事"和"三",我们不妨按顺时针方向选取桩。首先要选取四个人,如图所示,左侧正好有四人在一起讨论,讨论即为"议事",而最左侧的那人离讨论中心较远,似乎只是在观望,也就是说,实际只有三个人参与议事,此情此景,正好与本条的三个关键词相吻合。第四条中的关键词为"公民陪审法庭",处于桌后的三位公民表现得特别亲密,也可以体现"陪审"二字。第五条的关键词是"废除债务奴隶制",

• 027 •

关键在于"奴隶"二字，按照顺时针顺序，我们发现离大门最近的一位男士穿得十分破烂，我们可以把他看作是一个奴隶。这样记忆的难题也就迎刃而解了。

从上面的例子，我们不难发现通过配图记忆，很多信息并没有想象中的难记。其实，做任何事都是有方法的，就是所谓的死记硬背也是一样。无论遇到何种困难，我们都要相信"山穷水复疑无路，柳暗花明又一村"。

五、记忆宫殿

很多人在了解了数字定桩和身体定桩记忆法以后都会有个疑问：数字桩和身体桩数量都是有限的，那如果要记忆的信息量庞大，该如何应对呢？有没有一种方法能够记住大量信息呢？答案显然是有的，那就是"地点定桩法"，也叫作"记忆宫殿"。

地点定桩法并不是现代记忆大师发明的方法，其历史相当悠久。古罗马时就已经有人开始使用它，元老院的长老们为了演说和辩论需要引经据典、记住大量数据。他们是怎样记忆的呢？罗马人注意到自己家里的物品摆设、家具还有许多器皿的位置一般是固定的，如果以它们为媒介，把需要记忆的内容与每样物品进行关联，那么只要想起对应的物件不就可以想起记忆的内容了吗？这样就解决了"按顺序记"的难题，因此这种方法在当时被称为"古罗马室法"！

所以，一般从我们身边熟悉的环境开始找地点桩，比如自己的家里、单位、学校、附近的公园等。对于非专业的人来说，储存几组地点桩也是很有好处的，它们会变成你脑袋里的记忆工具，相当于武林高手的神兵利器。

找地点桩也是有讲究的，我们在这里介绍几条黄金法则。

1. 熟悉

可以从我们生活中熟悉的地方开始，比如自己家、亲戚朋友家、学校、公园等。要储备大量地点桩时也可以去陌生地方找，一般在脑海中过两三遍就能够记下来。实在不行，将其拍摄下来回去多复习几遍，也能熟悉起来。

2. 顺序

可以按顺时针或逆时针方向来找，找的地点桩最好能够连成一条不会交叉的线。而且，这条线最好是曲线，错落起伏——若是一条直线，记忆起来会很费劲。

3. 特征

地点桩要有其突出的特征。相同的两张椅子最好不要都做地点桩，如果要做地点桩也要区分开来，比如某一张以靠背做地点桩，另一张以椅子腿做地点桩。也可以想象着增加一些东西来加以区别，比如某一张椅子上面加一个厚厚的坐垫。

4. 适中

地点桩要大小适中——太小了看不见，太大了看不全。我们一般选择的是开水瓶那么大的桩。两个地点桩间的距离也要适中——太远了，从一个桩跨到另一个桩要费时间；太近了，会使上面的东西易于混淆。我们一般选择距离在半米到一米之间的桩。如果两个地点桩相距太远，可以在中间虚拟出一个物品作为地点桩。

5. 固定

地点桩不能是经常移动的,比如一只小狗。特别是在家里,如果地点桩变动了,记忆起来容易混淆。

6. 数量

一般一个区域内我们建议找整数个地点桩,比如10个、20个、30个。如果是在自己家找30个地点桩,可以考虑一个房间(卫生间也可以)里找10个地点桩,三个房间就是30个。

总之,使用记忆宫殿法,我们只要注意以上六个原则,另外还有更多细节可以自己去参悟。

下面借用我们在互联网上找到的一张图片,来说明如何选取地点桩。

地点桩的选取

在上面这张图上,我们按照顺序找 10 个地点桩,分别是:

①小木马;②向日葵;③台灯;④镜子;⑤抱枕;⑥国际象棋;⑦书架;⑧吉他;⑨白沙发;⑩茶几。

现在我们闭上眼睛,这些地点桩可以回忆起来吗?记好这些地点桩后,我们需要记忆大量信息时,就可以把所要记忆的信息和这些地点桩联系起来。

六、歌诀法

歌诀法,就是用字头或是每个信息的关键字串联成口诀来记忆的方法。这种方法往往用来记忆一些我们原本熟悉却不能按照固有顺序串联记忆下来的信息单元。

因为我们右脑掌控韵律,所以歌诀法其实是右脑记忆方法。如果你能够熟练使用歌诀法,说明你的联想和韵律思维很好。由于歌诀法的使用频率不是很高且难度较小,我们就以一个例子分享这种方法。

秦国灭六国次序:

①韩国;②赵国;③魏国;④楚国;⑤燕国;⑥齐国。

歌诀: 喊赵薇去演戏。

对比: 韩赵魏楚燕齐。

七、连锁法

连锁法就是把需要记忆的内容像锁链一样串起来，适合记忆一些并列的、关联性较小的信息。连锁法要求前后两个事物发生联系，一环扣一环，环环相扣。

为了更好地说明连锁法，我们用生活中的例子来说明。不知道你有没有去超市购物的经历，如果有一天，你准备买10件物品，不用任何工具，你能一个不落地记下来吗？

购物清单

卫生纸　茶杯　台灯　苹果　洗发水

鸡蛋　红酒　衣钩　垃圾桶　拖鞋

上面就是一份常见的购物清单，我们要做的就是用连锁法把它记下来。我们先来看一下如何把这10件物品连锁起来。

1. 卫生纸—茶杯

仔细观察这两个词，你会发现它们存在着明显的逻辑联系。"卫生纸擦拭茶杯"或"卫生纸放置在茶杯里"，这都是日常生活中常见的情景。如果你觉得这样转化过于平淡，不能在你的脑海里激荡起记忆的涟漪，不妨把它们想象得夸张离奇一些。我们先从"卫生纸"着手。卫生纸给我们最深的印象是什么？就是它一旦被水弄湿，就容易粘在某个物体上。那么我们不妨想象湿淋淋的卫生纸粘在了洁净的茶杯上，且呈斑点状分布，水干之后，这些纸屑就牢固地依附在杯壁上，十分不雅观。这样你想忘都有点困难吧？

2. 茶杯—台灯

看着这两个词，你可能一下子头就大了，毕竟这两个东西似乎没有太大的联系。这个时候，自然就要看联想的威力了。我们知道茶杯的弱点是易碎，台灯的硬伤就是灯泡被毁。所以，可以运用主动出击法，将茶杯撞向台灯的灯泡，其结果自然是杯毁灯亡，玻璃残，满地碴。

3. 台灯—苹果

这两个事物的属性有极大的不同：台灯是家用电器，而苹果是水果，两者风马牛不相及。好在现在很多物品的设计都很有创意，台灯也可以设计成苹果形状。不过，从外形将二者联系起来缺少动感。我们在联结两个事物的时候，一定要尽量让它们动起来。说到台灯，它的功能就是照明，现在你想象这是一盏充满魔力的台灯，苹果在它的照射下慢慢长大，直到占满了你的整个书桌，甚至房间，这时候你的惊讶之情就可想而知了。

4. 洗发水—鸡蛋

洗发水和鸡蛋有什么共同之处呢？表面上看似乎没有，但是我们可以通过想象让它们有共同点。比如你想象这款洗发水功能非常强大，能把要洗的东西洗得非常干净，用这洗发水把鸡蛋洗过一遍后，鸡蛋变得温润圆滑，看上去晶莹剔透，就像一颗玉做的鸡蛋，这是不是让你很想把这颗如此难得的鸡蛋收藏起来呢？吃了岂不是可惜了。

5. 鸡蛋—红酒

就生活常识而言，炒鸡蛋时加一点酒会有不一样的味道。这算是一个比较生活化的想象，估计厨师和家庭主妇是很容易想到的。这里你还可以想象成鸡蛋破了，里面流出的不是蛋清、蛋黄，而是色泽鲜艳的红酒，你想不想把鸡蛋拿起来一饮而尽呢？

6. 红酒—衣钩

如果说上述两两对应的事物之间还有点关联的话，红酒与衣钩这两者则八竿子打不着。我们知道，衣钩其实也可以挂别的物品。这样看来，最简单的联结就是把红酒用一根细线吊在衣钩上。这个虽是静态图画，但还算合理。当然，为了记忆深刻，我们可以让它们动起来。想象红酒瓶被衣钩钩住了瓶口，红酒咕嘟咕嘟地流出来了，满地都是！

另外一些物品就靠你自己去想象了。

当然，实际生活中记忆购物清单还可以先分类，比如分成水果、生活用品、衣物……之后每一类可能只有少数几样物品了，那时再用连锁法记忆就更简单了。试着常常用连锁法记忆购物清单之类的信息吧，这样做的好处是：第一，解决了我们生活中的一项实际记忆需求，而且这项能力可以迁移，你用这个方法来记别的类似信息同样管用；第二，锻炼了我们奇思妙想的能力，开发了大脑。

当然，连锁法也有个不足之处，即每一环必须联结好，不然中间一旦出现断裂，后面的可能就都想不起来了。刚使用的时候难免会出现问题，但是随着使用的次数越来越多，你会越来越得心应手。

八、故事联想法

故事联想法，就是将需要记忆的素材按照顺序一个个串联起来，串联时可以有情节和故事，回忆时则牵一发而动全身，根据情节和故事回想出记忆的信息。

比如，下面一组数字是圆周率小数点后的前30位。我们可以两两组合，将其联想成不同的事物，再把这些事物联系起来，组成一个生动有趣的故事。

141592653589793238462643383279

下面我们运用谐音、特定含义、外形等容易理解的方式将枯燥乏味的数字转化为我们所熟悉的事物。

钥匙	鹦鹉	球儿	尿壶	山虎	芭蕉	气球	扇儿
14	15	92	65	35	89	79	32

妇女	饲料	河流	死神	妇女	扇儿	气球
38	46	26	43	38	32	79

然后将这些事物形象地连起来联想成小故事，例如：

钥匙（14）插到鹦鹉（15）头上，使它受惊，使劲拍打球儿（92），球儿撞翻尿壶（65）泼到山虎（35）身上，发怒的山虎吃芭蕉（89）时看到气球（79）挂着扇儿（32）落到一个妇女（38）身上。她将饲料（46）扔到河流（26）里面喂死神（43），然后妇女（38）拿着扇儿（32）扇气球（79）玩。

当你记住上面的词汇后,再根据数字编码原理核对复习,这些数字就会变得很容易记了。当我们需要记住含有大量数字的信息时,就可以使用故事联想法。

我们知道仅仅用故事联想法去记忆数字是不行的,因为运用这个方法首先需要将数字转化成为我们熟悉的一些事物,且通常是名词,才容易形成图像和联想。如果生活或学习中要记忆的数据信息少,例如10个左右的数字,我们往往可以临时根据数字组合运用谐音、特定含义等编码联想。对于超过15个的数据信息,就需要使用特定编码来进行联想记忆了。

九、配对联想法

配对联想法是将两个事物运用联想的方式产生联系。

配对联想法是记忆法中最基础的记忆方式,因为无论是词汇记忆、数字记忆中的故事联想法还是定桩法,都应用了配对联想,要么是两个信息间配对,要么是与定位的桩子做了配对联想,所以配对联想在记忆法中虽然最简单,却是非常重要的基础。如果有些人思维固化,不能立刻让两个事物产生联想和联系,那么他们的记忆速度必然会变慢。只有熟练运用这种方法,做到对任何两个事物都可以很快地配对联想,你的联想记忆的思维能力才会提高。

在锻炼联想思维之前,不要拘泥于所学知识而不懂得变通,否则你的联想会很糟糕。常见的有以下几种联想方式(见下表)。

联想方式对照表

方式	原事物	联想事物
相近联想	云	冰激凌
同类联想	太阳	月亮
对比联想	水	火
因果联想	玫瑰花	爱情
夸张联想	树	地球上的树
非逻辑联想	狗咬人	人咬狗

上表中所列的联想方式是由一个事物可以联想到另外一个事物，以及两个事物之间可以采用某种联想方式。比如：由云可以想到冰激凌，由玫瑰花可以想到爱情，由狗咬人想到人咬狗等。

你需要让思维像旷野上的骏马一样任意驰骋，像天空中的雄鹰一样展翅飞翔。不要受传统知识束缚，不要被固有思维框住，扫帚都可以成为哈利·波特的飞行器，加菲猫可以说话跳舞，还有什么不能联想呢？

十、分丝析缕法

有些人或许会有疑问，难道记忆方法都需要通过联想吗？答案显然是"不需要"，其实凡是能提高记忆效率的方法都能称为记忆法。一些文科成绩特别好的学生，也都或多或少地在记忆文科信息方面有心得方法。其中用得最广的就是分析法，我们把它称为"分丝析缕法"，适合于记忆系统知识。所谓"分丝析缕法"，就是对题目进行分析并理出条理，抽丝剥茧般找出记忆的线索。当遇到逻辑关联性强的题目时，可以直接分析它的逻辑层次，如果没有明显的逻辑关联时，我们也可以通过联想赋予它一定的逻辑。

> 我国发展社会主义市场经济，为什么要加强国家宏观调控？
> ①由我国的**社会主义性质决定的**。
> ②社会主义**公有制及共同富裕**的目标要求。
> ③市场调节的不足，存在**自发性、盲目性、滞后性**等固有的弊端。
> ④能促进国民**经济持续、快速、健康发展**，保持经济发展活力。

通过对这段材料的观察分析，我们发现："为什么要加强国家宏观调控"这一问题，就行为主体而言，应该从两个层面来回答：一个是国家层面，另一个是调控对象的层面。从国家层面而言，需要从我国自身特性考虑，即我国的性质和特殊国情，而第①条正是说由"社会主义性质决定的"，这个性质的目标是要实现"公有制及共同富裕",这是第②条的内容。从调控的对象——市场经济层面而言,也要考虑它本身的特点,第③条正是讲市场经济的弊端——自发性、盲目性、滞后性。第④条则是加强宏观调控后的好处,是两个层面结合之后产生的结果,即促进国民经济持续、快速、健康发展。分析清楚这四条的逻辑层次之后,看着题目就能总结出答案来。

通过本例,我们需要总结一下经验:

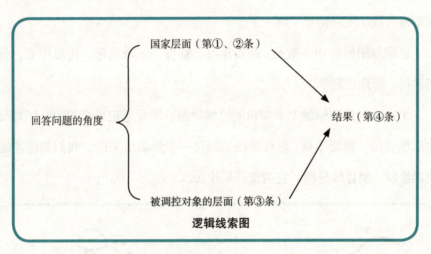

逻辑线索图

分析 A 对 B 发生某个行为的原因时,一般要分别从 A、B 自身的特点和目标来分析,还要分析该行为发生的时代背景和可能产生的结果。理清了各个要点之间的层次之后,记忆起来就比较轻松了。

十一、思维导图法

思维导图,就是将知识信息以网络图画形式归类构建,达到了解知识信息要点的学习方法和应用工具。

从字面意思理解,思维导图就是思维的导航图,像 GPS(全球定位系统）一样。如果我们大脑里面有一个导航图，能够轻松调取想要的信息，那么我们的知识网络会非常清晰，学习和工作也会非常高效。

思维导图主要训练的思维是：归类整理思维、抓取重点思维、水平发散思维、垂直纵深思维。如果能够掌握得好，上面这几种思维方式是非常好的学习、工作和生活工具，但是如果没有掌握好，则会使高效学习大打折扣。思维导图的应用是一门学科，在这里无法系统呈现，只能结合学生的学习实践让大家初步了解一下。

思维导图的作用一般是：高效预习、复习、记录笔记，构思作文，分析教材，管理规划等。

无论我们是要绘制书本知识的思维导图、课堂笔记思维导图，还是写作思维导图，都要了解：思维导图是如何一步步画出来的，我们如何才能成功绘制一幅思维导图，它的要点是什么。

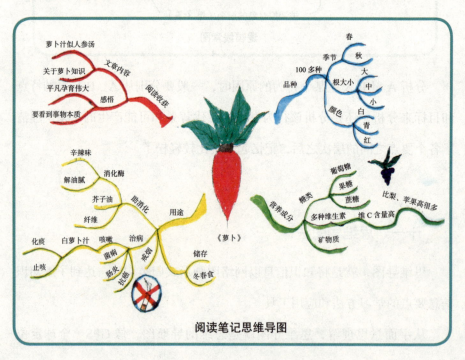

阅读笔记思维导图

上面这幅阅读笔记思维导图的构成主要是三大块：中心主题和中心图、主分支和次分支、个性化简图。中心图一般都放置在图的正中间与主题相关，主分支就是对绘制内容分的大类，例如上图有四个主分支——品种、营养成分、用途、阅读收获，这就是从四个方面对《萝卜》这篇说明文的总结。

画好中心图和写上主题后，第一个主分支从右上角45°左右开始，按照顺时针的次序画主次分支。并列关系的分支可以从一个点出发，画上并列线条，每画一条线必须同时写上文字，不能先估计有多少分支再将线条画好后直接填文字，这样很死板，而且如果内容有增减就会影响思维导图的布局。所有文字内容最好在5个字以内，必须是归纳的重点关键字（词），不能写句子。另外，主分支的个数一般不超过7个。

当"主分支和次分支"都完成之后，再根据重点知识绘制些增进理解和记忆的简图。如果想让图画更美观些，还可以给线条涂上颜色，涂色标准是每个主分支统一用一种颜色，不同主分支用不同颜色，从主分支到次分支由粗到细绘制线条。

十二、场景法

场景法，就是大家既可以用逻辑思维，又可以用非逻辑思维，通过构建一个场景帮助记忆的方法。场景法之所以有效，与人类的进化有关。

在文字还没诞生之前，我们祖先的经验积累几乎就只能靠场景记忆了，比如到哪个地方狩猎、什么样的地方更容易打到猎物、怎么回到自己的住所等。那时候不存在导航技术，完全靠自己的记忆，而且这些都侧重于场景和空间记忆，所以久而久之练就了人类对于场景和图像的记忆能力。现代的人类具备这个能力主要得益于我们的右脑。前文提到过右脑也被称为"祖先脑"，它的潜力巨大。场景记忆法相当于是调动了我们右脑形象记忆的功能，这也是我们一直强调尽量在脑海中多想象出图像的原因所在——你所能调动的大脑区域越多，那么记忆的效率自然也就越高了。

> **政府依法行政的具体要求：**
> ① 合法行政。
> ② 合理行政。
> ③ 程序正当。
> ④ 高效便民。
> ⑤ 诚实守信。
> ⑥ 权责统一。

我们可以用一个什么样的场景来记忆这道政治题呢？如果你去过政府部门办事，那么就可以用自己的亲身经历构建一个场景帮助记忆。如果你没有去过政府部门办事，那么可以用一个类似的场景帮助记忆。大多数人都有过去医院或是体检机构体检的经历，体检的流程与行政机关办事的流程比较类似，接下来我们就通过构建一个体检的场景帮助记忆，同时为了方便记忆，我们会将这六点内容的顺序进行适当的调整。

你先要领一份体检的流程表，表上写明了体检项目和检查顺序，然后你拿着这份流程表去找一个个的科室进行体检。所以，你就记住了依法行政的第一点是"程序正当"。来到体检科室以后，你发现工作人员都穿着相应的制服，并且他们会用科学合理的方式来给大家进行检测，所以由此就能想到依法行政的第二、第三点是"合法行政"与"合理行政",简称"合法合理行政"。检查完以后，医生会把检测的真实结果完全客观地填在体检表上，由此就可以想到依法行政的第四点是"诚实守信"。同时医生还会在检查结果后面签上自己的名字，代表对这个检查结果负责，所以就能想到依法行政的第五点是"权责统一"。整个体检流程都很规范顺利，所以从体检的地方出来以后你不禁感叹现在的体检真是"高效便民"，这是依法行政内容的第六点。

总之，场景法就是既可以用逻辑思维创建场景，又可以用非逻辑思维创建场景——比如为了方便记忆在场景里加入一些离奇、搞笑的画面，甚至完全虚拟一个自己设计的电影场景。场景具体是什么不重要，重要的是你调动了大脑的图像空间能力帮助记忆。

十三、简图法

简图法就是用简单图形表达文字的含义，以直映的方式记住信息要点。简图已经不仅仅是一种表达意思的方式，由于其易懂、易记的特点，也是很多学习高手热衷的高效记忆法。

简图法的历史悠久，就像文字起源一样，是人类在认识和改造自然、创建文明的过程中大脑所激发出来的一种思维和行为模式，只是以前没有多少人会将这种方法变为学习记忆工具而已。

由于图形容易理解，很多看起来枯燥乏味的文字，也许只需要一两个简图就可以表达出来，所以图形在科学方面应用很多，如在物理、化学、生物方面都有广泛应用。在科学界和艺术界有很多伟大的人曾使用这种方法,帮助自己或别人了解事物或科学原理。

比如物理学中的光的折射规律就可以用简图法直观地表现出来。

光的折射规律:光从空气斜射入水或其他介质中时,折射光线与入射光线、法线在同一平面内;折射光线和入射光线分居法线两侧;折射角小于入射角。光从水或其他介质斜射入空气中时,折射角大于入射角。

这段文字要想准确记下来,有点困难,但是我们将其画成图,就可以一目了然了。

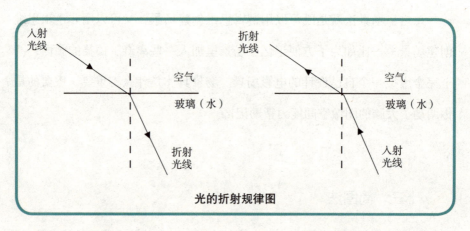

光的折射规律图

十四、图片定位法

图片定位法,顾名思义就是需要有合适的、与记忆内容相匹配的图片,这些图片可以是来自于教材本身的配图,也可以是来自教辅资料,或是自己拍过的、见过的图片等等,实在没有的话,我们还可以通过百度找到相应的图片。

下面我们用来举例的素材是"鸦片贸易对中国造成了哪些危害"。

第一章 记忆力是可以锻炼的

鸦片贸易对中国造成了哪些危害？
①白银外流，造成清政府财政危机。
②银价上涨，造成"银贵钱贱"。
③腐蚀统治机构，清政府因腐败而受贿放私，又因受贿放私而更加腐败。
④毒害中国人民的身心健康，给社会带来不安定因素，也严重削弱了军队的战斗力。

在寻找图片时无外乎要满足以下三个条件：

第一，图片内容尽量要和事情本身相关。

第二，图片中可用的地点桩数量要满足记忆的要求，比如这里有四点内容需要记忆，一般情况下就需要至少四个地点桩。

鸦片贸易对中国造成了哪些危害的定位图一

鸦片贸易对中国造成了哪些危害的定位图二

第三,在有选择余地的情况下,尽量选择地点桩方便与文字联结的图片。比如我们在搜索鸦片贸易的图片时,找到了两张图片。但为什么我们选择的是图一,而不是图二呢?因为我们在理解题意的时候就注意到了,要记忆的内容里包含"白银""统治机构"等字眼,而图一里面的人物穿金戴银,一看穿着就像统治阶层,图二应该是普通百姓在抽鸦片。所以图一在和文字进行联结时会更贴切一些,因此在有选择余地的情况下我们选择了图一,如果只有图二而没有图一,那么图二也是可以用的。图片确定以后,接下来我们就可以开始记忆了。

我们首先需要结合文字内容在图一里面找四个地点桩:女人的旗头、女人手里拿的烟斗、男人在吸的鸦片、躺着的男人。当然,你找的也可以和我们不一样,只要自己能联结好就可以了。而为了方便联结,顺序是可以调整的。

内容的第一条是"白银外流,造成清政府财政危机",第二条是"银价上涨,造成'银贵钱贱'",所以我会把第一条和第二个地点桩联结,第

第一章　记忆力是可以锻炼的

二条和第一个地点桩联结。第一个地点桩是女人的旗头，旗头上面有很多白银镶嵌，因为戴在头上，所以可以想到白银上涨。又正因为"银贵钱贱"，所以她戴那么多银子在头上更稳妥。第二个地点桩是女人手里的烟斗，结合第一条"白银外流，造成清政府财政危机"，可以想白银都用去买鸦片了，烟斗里烧的相当于都是钱，所以钱就这么哗哗地往外流，国库肯定被抽空了，所以造成了清政府的财政危机。第三个地点桩是鸦片，结合第三条"腐蚀统治机构，清政府因腐败而受贿放私，又因受贿放私而更加腐败"，鸦片就是在腐蚀统治机构，可以想象成抽鸦片的就是官员，为了能持续负担抽鸦片的费用只能腐败受贿，然后因为受贿又更加腐败，造成恶性循环。所以就是"腐蚀统治机构，清政府因腐败而受贿放私，又因受贿放私而更加腐败"。第四个地点桩是躺着的男人，契合最后一条"毒害中国人民的身心健康，给社会带来不安定因素，也严重削弱了军队的战斗力"——鸦片抽久了肯定会毒害身心健康，吸毒犯也容易危害社会，军官同时吸毒肯定就削弱了军队的战斗力。

综上所述，图片定位法，很关键的一点是选择合适的图片。另外，在文字与地点桩联结的过程当中，有时为了方便记忆可以调整内容的顺序。

第二章

语文知识轻松记

语文知识记忆起来比较复杂，因为其知识点种类繁多，需要根据实际的信息内容、容量采取不同的记忆方法。常用的记忆方法见下表。

语文知识记忆方法表

类型	记忆方法	备注
字、词	配对联想法、故事联想法、歌诀法	记忆大师级别词汇训练用地点定桩法
句子、短语	简图法、定桩法	——
文章	综合法、思维导图法	综合法指的是从多种记忆方法中适宜选取，灵活使用
书籍	定桩法、综合法、思维导图法	思维导图是一种归纳整理知识的重点工具

在使用上述方法记忆时，需要将信息转化为具体的形象，但是还有很多知识点包含抽象字词，这就需要我们熟练地将抽象词转化为形象词了。

抽象词转化为形象词有固定的四种方法：谐音、增减字、倒字、望文生义。任何抽象词汇一般都可以通过这几种方法转化为形象的事物。下表中是这几种转化方法的举例说明。

抽象词转化为形象词方法

方法	举例	联想	形象
谐音	竖立	树立	树

(续表)

方法	举例	联想	形象
增减字	信用	信用卡	
倒字	雪白	白雪	
望文生义	抽象	抽打大象	

我们在记忆中文信息时,如果能够很快地将抽象词转化为形象词,那么我们不仅会记忆得更快,实际上对我们大脑的刺激也会更多。抽象词汇是受左脑控制的,左脑进行逻辑处理转化为形象,在形象生成和记忆的过程中又刺激右脑。所以,当我们进行这种转化时,也是对我们左右脑平衡发展的一种训练。在记忆下面的内容时,往往需要这种转化能力。

第一节
成语错字辨析记忆

在中考和高考中,通常有一道成语辨别错别字的题目。因为华夏文化博大精深，同音字、同义字有很多，每一个字在成语里面表达的含义也是千差万别，如果搞错了，会造成曲解。死记硬背或者直接凭字面含义来推断，都容易出错。运用形象思维做些配对联想会使记忆变得很容易，我们通过下面的案例来说明。

> A. 凭心而论——B. 平心而论

在我们做过的测试中，大概65%的同学选A为正确，35%的同学选B为正确。其实这个成语的正确选项是B"平心而论"，指的是心平气和地给予客观评价。很多人之所以会选择A，是因为错误地将其理解为"凭良心来谈论"。我们用形象思维来记忆会很容易，也会很深刻。

记忆方法：找到易错字"平"对应的人物或事物等名词，然后与之配对联想。

例：小平爷爷对待国际纠纷经常是平心而论。

> A. 关怀备至——B. 关怀倍至

在我们的调查中，这个成语选择A的同学在45%左右，选B的同学在55%左右。选错的同学主要是以为这个成语指的是"加倍的关心与关怀"，其实它是"给予完备而周到的关怀"的意思。

记忆方法：找到易错字"备"对应的人物或事物等名词，然后与之配对联想。

例：关羽和刘备相互之间非常关心。

第二章 语文知识轻松记

在语文学习中，灵活运用这种方法，可以帮助我们轻松地记住大量的成语。关于同音字或相近字的辨别，我们一般采取关键字与剩余部分配对联想的方法，这样会在大脑里面形成形象的回忆线索，达到正确记住易错关键字的目的。

常见成语错字辨别表

成语	易混字	联想
唉声叹气	哀	唉！叹一口气
班门弄斧	搬	在鲁班门前摆弄斧头
可见一斑	般	可见你脸上一颗斑
英雄辈出	倍	英雄是一辈一辈地出来的
明辨是非	辩	辨别是非，不随便听信人言（言字旁）
无精打采	彩	没有精神写三撇
按部就班	步	按部队人员分班
一筹莫展	愁	关于筹款的事宜让他一筹莫展
披星戴月	带	大家一起披星戴月共（"戴"字里含一个"共"）同努力
以逸待劳	代	以安逸状态等待劳累的人归来
投机倒把	捣	投机倒把的人喜欢做些倒卖的生意

第二节
文学常识记忆

文学常识是语文学习中的必背内容。文学常识不仅仅指的是中华几千年文化知识，还有作者、作品、名言警句等知识。

一、中国文学中的各种"第一"

第一位女诗人：蔡琰（文姬）

第一部纪传体通史：《史记》

第一部词典：《尔雅》

第一部大百科全书：《永乐大典》

第一部诗歌总集：《诗经》

第一部文选：《昭明文选》

第一部字典：《说文解字》

第一部神话集：《山海经》

第一部文言志人小说集：《世说新语》

第一部文言志怪小说集：《搜神记》

第一部语录体著作：《论语》

第一部编年体史书：《春秋》

第一部断代史：《汉书》

第一部兵书：《孙子兵法》

第一部国别史：《国语》

第一部日记体游记：明代徐弘祖的《徐霞客游记》

第一首长篇叙事诗：《孔雀东南飞》（357句，1785字）

第一部文学批评论文：《典论·论文》（曹丕）

第一位田园诗人：东晋陶渊明

第一部文学理论和评论专著：南北朝梁人刘勰的《文心雕龙》

第二章 语文知识轻松记

> 第一部诗歌理论和评论专著：南北朝梁人钟嵘的《诗品》
>
> 第一部笔记体科普作品：北宋沈括的《梦溪笔谈》
>
> 第一位女词人，亦称"一代词宗"：李清照

上面中国文学常识中的各种"第一"，由于只要记住"第一"的类别和名称即可，所以可以配对做联想记忆。在记忆之前先将上面的诸多"第一"归类整理，将相近的或是类别相似的放在一起，这样对比记忆，印象会更加深刻，比如："第一位女诗人蔡琰"可以与"第一位女词人李清照"放在一起，还可以将《史记》《春秋》《汉书》《国语》等史书放到一起。

下面我们将 23 个"第一"进行归类整理，然后逐一配对联想记忆。

中国文学中的各种"第一"

类别	名称	联想
第一位女诗人	蔡琰（文姬）	第一女诗人在菜宴（蔡琰）上作了一首诗
第一位女词人	李清照	李清照作为第一位女词人很勤奋，清早（清照）就开始写词了
第一位田园诗人	陶渊明	桃园明（陶渊明）天变田园
第一部纪传体通史	《史记》	记住（纪传）历史（史记）
第一部编年体史书	《春秋》	编撰出来的年份只有春秋两季
第一部断代史	《汉书》	我们汉人写的书不能断代
第一部国别史	《国语》	国语，区别于别国（国别）
第一部字典	《说文解字》	字典就是要说文解字
第一部词典	《尔雅》	背下整本词典？哎呀（尔雅）
第一部大百科全书	《永乐大典》	看百科全书永远都快乐啊
第一部诗歌总集	《诗经》	——
第一部文选	《昭明文选》	按照明文（昭明文）规定选择
第一部神话集	《山海经》	神话故事在山海中经常发生

(续表)

类别	名称	联想
第一部文言志人小说集	《世说新语》	文言文中的这个人（文言志人）在说世上的新语言（世说新语）
第一部文言志怪小说集	《搜神记》	文言文中写的这个怪物（文言志怪）在搜寻神仙（搜神记）
第一部语录体著作	《论语》	——
第一部兵书	《孙子兵法》	——
第一首长篇叙事诗	《孔雀东南飞》357句，1785字	用长篇叙说了孔雀东南飞
第一部文学批评论文	《典论·论文》曹丕	曹丕点评别人的论文（典论·论文），写的不好的进行批评
第一部文学理论和评论专著	《文心雕龙》南北朝·梁·刘勰	南北朝的一位栋梁留下些（刘勰）理论著作，要求写文章的用心程度得像雕龙画凤般细致（文心雕龙）
第一部诗歌理论和评论专著	《诗品》南北朝·梁·钟嵘	南北朝的一位梁在峥嵘（钟嵘）岁月里喜欢品诗（诗品）
第一部笔记体科普作品	《梦溪笔谈》北宋·沈括	沈括用省略概括的方式记录了自己在梦溪园的所想所悟
第一部日记体游记	《徐霞客游记》明·徐弘祖	徐弘祖：弘扬祖上光辉

二、"二十四史"

《史记》《汉书》《后汉书》《三国志》《晋书》《宋书》《南齐书》《梁书》《陈书》《魏书》《北齐书》《周书》《隋书》《南史》《北史》《旧唐书》《新唐书》《旧五代史》《新五代史》《宋史》《辽史》《金史》《元史》《明史》

值得一提的是，《宋书》和《宋史》是不同的。《宋书》是一部记述南朝刘宋一代历史的纪传体史书，收录了当时的诏令奏议、书札、文章等各种文献。大家不要将其与朝代较为靠后的南宋、北宋混淆。

"二十四史"是根据历史朝代的先后次序排列的，如果大家对历史朝代已经熟悉则可以联想朝代记忆，如果不用历史朝代对照联想记忆，也可以运用歌诀法，我们只需要挑取每项的关键字，串联成歌诀记忆即可：

是两位汉子把三斤书送给了南北的两位城卫。(《史记》《是》《汉书》《后汉书》(两汉)《三国志》(三)《晋书》(斤)《宋书》(送)《南齐书》(南)《梁书》(两)《陈书》(城)《魏书》(卫)《北齐书》(北))

周叔追随南北师傅，把堂屋送了金元明。(《周书》(周叔)《隋书》(追随)《南史》《北史》(南北师傅)《旧唐书》《新唐书》(堂)《旧五代史》《新五代史》(屋)《宋史》(送)《辽史》(了)《金史》《元史》《明史》)

运用歌诀法记住"二十四史"的关键点后，需要核对复习记忆，以免记错或遗漏。

三、作家及作品

在初、高中的学习与考试中，经常会有一道关于作家字号或作品的题目。我们在学习过程中如果能够轻松掌握，会是一件很棒的事情。掌握了记忆法，运用科学的方式去记忆，会更容易实现大家的愿望。接下来分享一下如何记忆作家字号及其作品等知识点。

> ①蒲松龄，号柳泉居士　②李清照，号易安居士
> ③白居易，号香山居士　④欧阳修，号六一居士

记忆作家的字号时，一般是挑取姓名和字号中的关键字，然后做联想记忆即可，只不过需要区分清楚正确的字，不要弄混淆。

以白居易为例——白居易，号香山居士。

白居易居住在洛阳香山寺内，因此叫香山居士。一般这种称号都是有由来的，大家可以查询资料求证。

在文学常识中考核的作家往往是较为知名的，所以作家姓名会比较容易记，主要是看能否完整地将该作家的作品记清楚。

针对这类信息的记忆，由于只需要记少量作品名称，我们可以运用故事联想法来记忆。

我们以鲁迅和贺敬之为例，介绍一下如何用故事联想法记住作家及其作品。

> ①鲁迅:《呐喊》《孔乙己》《故乡》《阿Q正传》《药》《狂人日记》《社戏》《祝福》
> ②贺敬之:《中国的十月》《回延安》《西去列车的窗口》《白毛女》《放声歌唱》

作家及其作品联想

姓名	作品联想
鲁迅	阿Q吃完**药**后**呐喊**着要回到**故乡**看**孔乙己**演的《**祝福**》社戏,并写了篇《**狂人日记**》
贺敬之	祝**贺**你能够于**中国**的十月回延安,在**西去列车**的窗口看到**白毛女**在**放声歌唱**

第三节
诗词、文章的记忆

一、用场景法记忆古诗词

1. 记忆古诗词的步骤

在讲具体的记忆方法之前,我先和大家分享一下背古诗词的三大步骤。

第一步,朗读赏析。

对于绝大多数人来说,大声朗读比默读的记忆效果更好。有些人认为默读的记忆速度会快些,但是就记忆的持久性而言,经过大声朗读后的效果会更好。

在记忆的时候如果只是单调、机械地重复,会使人感到枯燥乏味,容易使大脑皮层产生抑制,不利于联系的巩固。因此,在背诵过程中,我们要尽量使多种感官参与,在大脑皮层多次留下"同一意义"的痕迹,并与视觉区、听觉区、言语区、动觉区等建立起广泛的神经联系,从而加强记

忆的效果。很显然，大声朗读记忆时所调动的区域要比默读多得多。

所以，我建议大家，先一边朗读，一边理解、揣摩古诗词的含义，直到读到比较通顺、朗朗上口时，再开始记忆。

第二步，选择方法。

就是根据诗词的内容选择具体的记忆方法，比如，古诗词是以写景或是叙事为主，那我们就可以考虑运用场景法开始记忆。假如古诗词的前后两句关联不是那么紧密，容易背了上句忘了下句，那么我们就可以考虑采用图片定位法或是标题定桩法来记忆。也就是说，在记忆之前，要先考虑好自己的记忆策略。

第三步，记忆还原。

确定好方法以后就可以开始记忆了。我们可以选择分段记忆，就是说，每背完一小段就对照一下原文，修正可能存在的错误，然后再继续背下一段。这也是记忆的小目标步步高，既能记忆的压力，又能增加成就感。另外，在记忆完古诗词以后，可以有意识地去想想哪些经典名句可以利用到我们的学习和生活当中来，这是学以致用地体现，同时也能促进我们更好地记忆。

2. 用场景法记忆清照《声声慢·寻寻觅觅》

下面以李清照的词《声声慢·寻寻觅觅》为例，来挑战我们的记忆。

第二章 语文知识轻松记

声声慢·寻寻觅觅

宋·李清照

寻寻觅觅，冷冷清清，凄凄惨惨戚戚。

乍暖还寒时候，最难将息。

三杯两盏淡酒，怎敌他，晚来风急？

雁过也，正伤心，却是旧时相识。

满地黄花堆积。憔悴损，如今有谁堪摘？

守着窗儿，独自怎生得黑？

梧桐更兼细雨，到黄昏，点点滴滴。这次第，怎一个愁字了得！

第一句"寻寻觅觅，冷冷清清，凄凄惨惨戚戚"，我们能想象出什么样的场景呢？可以想到女主人公在空荡荡的屋子里走来走去——"寻寻觅觅"，穿着单薄的衣服——"冷冷清清"，这个画面有点凄惨，进而想到——"凄凄惨惨戚戚"。如果你担心忘记"凄凄惨惨戚戚"，可以稍微增加一点信息——女主人公穿的单薄的衣服是破的，这就凸显了"凄惨"；或是想女主人身边一个亲戚都没有，借助"戚"也能帮助我们记忆"凄凄惨惨戚戚"。这么一来我们就记完了第一句"寻寻觅觅，冷冷清清，凄凄惨惨戚戚"。

第二句"乍暖还寒时候，最难将息"，描述的是这个季节也是最难人睡的时候。为了方便记忆，我们可以设计一个场景，比如女主人公在屋子里走了几步后，觉得有点冷，于是坐在了床上——"乍暖还寒时候"，有种想睡又睡不着的感觉——"最难将息"。

第三句"三杯两盏淡酒，怎敌他，晚来风急"，我们可以想到女主人公睡不着,还是决定起来喝两杯酒暖暖身子,谁料到突然刮起了风,所以还是不敌晚来风急,这么一来我们也就记住了第三句。

第四句"雁过也,正伤心,却是旧时相识",可以想象成:因为外面刮起了风,所以女主人公很自然地就抬头看了下窗外,正好看到一群大雁,而且这群大雁可能还是之前认识的,不禁想起了已经过世的丈夫,有点伤心。

没想到一抬头看到这个伤心的场景,女主人公便低下了头,于是引出第五句"满地黄花堆积。憔悴损,如今有谁堪摘"——低下头看到的是满地黄花堆积,花儿憔悴,也没有摘花的兴致。

干脆不看窗外了,就干脆守着窗儿,等着天黑吧——第六句"守着窗儿,独自怎生得黑"。此情此景不看了还不行吗?谁知天空又滴滴答答地下起了小雨,女主人公听见了雨打梧桐的声音,这情景真是让人"愁",也就是最后一句描述的场景——"梧桐更兼细雨,到黄昏,点点滴滴。这次第,怎一个愁字了得?"

场景法可以解决记忆枯燥乏味的问题,同时也能帮助我们更好地理解古诗词的意境。有时候为了方便记忆,我们也会构建一些与诗词中的原景不是百分之百吻合的场景——因为记忆的第一步就是正确理解原文的含义,所以在这个基础上为了利于记忆构建一些场景是不会影响我们对古诗词的理解的。就如同看电影一样,如果你之前看过原著,再看电影时你就会知道哪些情节是原著里有的,哪些是因为情节需要而增加的,而且你也可以尽量让设计的场景接近原著。

所以,当我们掌握了记忆方法后,具体的形式可以因人而异!

3. 用场景法记忆《茅屋为秋风所破歌》

为了加深大家对场景法的印象，我们再用这个方法来记忆一首更长的诗，也就是杜甫的《茅屋为秋风所破歌》。

茅屋为秋风所破歌

唐·杜甫

八月秋高风怒号，卷我屋上三重茅。茅飞渡江洒江郊，高者挂罥长林梢，下者飘转沉塘坳。

南村群童欺我老无力，忍能对面为盗贼。公然抱茅入竹去，唇焦口燥呼不得，归来倚杖自叹息。

俄顷风定云墨色，秋天漠漠向昏黑。布衾多年冷似铁，娇儿恶卧踏里裂。床头屋漏无干处，雨脚如麻未断绝。自经丧乱少睡眠，长夜沾湿何由彻！

安得广厦千万间，大庇天下寒士俱欢颜，风雨不动安如山。呜呼！何时眼前突兀见此屋，吾庐独破受冻死亦足！

让我们一起回顾一下记忆的步骤。第一步，朗读赏析。第二步，选择方法。由于这首诗的叙事性很强，比较容易出画面，所以场景法是比较合适的记忆方法。只不过这首诗稍微偏长一些，如果遇到容易中断或是遗忘的地方，再单独加一些信息点加深记忆就可以了。第三步，记忆还原。在记忆的过程中，大家尽量每一句诗都能够在脑海里想象出图像，记完整首诗后就像看了一部小动画片一样，这种感觉就对了。

第一句"八月秋高风怒号，卷我屋上三重茅"，我们可以想出什么样的画面呢？呼呼的秋风把一座茅草屋顶上的茅草给吹起来了，吹起来的茅草到哪去了呢？第二句给出了说明——"茅飞渡江洒江郊，高者挂罥长林梢，下者飘转沉塘坳"——茅草有的直接横渡江水了，飞得高的挂在树上，飞得低的落在了池塘里。作者怎么能眼睁睁地看着茅草被吹走呢？他就出去追，遇到了一群小孩，也就是第三句"南村群童欺我老无力，忍能对面为盗贼"，具体的场景是什么样的呢？就是这群小孩看到作者，知道他跑不快，竟然当着他的面当盗贼，这正是孩童年少无知的表现。接下来的场景是"公然抱茅入竹去，唇焦口燥呼不得，归来倚杖自叹息"，孩童抱着茅草就跑到竹林里去，作者喊得口干舌燥也没用，只能拄着拐杖默默地回家了。到了家以后没多久，风停了，天快要黑了，也就是"俄顷风定云墨色，秋天漠漠向昏黑"。

我们继续往下分析。既然天黑了，也就该睡觉了。这种天气本来就有点冷了，躺进被窝会暖和些，可是作者的被子是什么样的呢？"布衾多年冷似铁，娇儿恶卧踏里裂"，盖了多年的被子冰凉得就像铁一样，而且小朋友晚上睡觉的时候难免脚会乱动，所以又把这多年的被子里面的棉花踹得四分五裂，保暖效果就更不好了。被子不暖和也就罢了，有一句话叫"祸不单行，屋漏偏逢连夜雨"。本就是茅草屋，还被吹走了一些茅草，这会儿又下起了雨，所以"床头屋漏无干处，雨脚如麻未断绝"——被子本就不暖和，床头还在连绵不断地漏雨，屋内没有一点儿干燥的地方，房顶的雨水像麻线一样不停地往下淋。大家可以想象下，在此情此景下，是不是很容易失眠？所以作者写道："自经丧乱少睡眠，长夜沾湿何由彻"——自从战乱以来就经常失眠，长夜漫漫，屋漏床湿，怎能挨到天亮。睡不着自然就会思绪万千，然而作者考虑的不是自己，而是忧国忧民，先天下之忧而忧。想到有多少人是和自己一样的遭遇，所以内心多么渴望有宽敞高大的房子千万间，能够住下天下贫寒的读书人，无论刮风下雨，这些屋子都稳如泰山，里面的人可以不受影响。也就是"安得广厦千万间，大庇天下寒士俱欢颜，风雨不动安如山"，他越想就越急切，恨不得马上眼前就出现了这些屋子。最后，作者不禁发出感叹："呜呼！何时眼前突兀见此屋，吾庐独破受冻死亦足！"作者在想什么时候这个愿望才能实现，多么希望它能够快一点到来，到那时即使茅屋被秋风所吹破，自己受冻而死也心甘情愿。体现了作者心系天下，为了大我愿意牺牲小我的情怀。

这首诗的逻辑性和情节性比较强，我们把诗中的逻辑线索理清，相信记忆下来并不是一件难事。同时要强调的一点是，在记忆时要在脑海里出画面，你所能调动的感官越多，记忆的效果也就会越好。

总之，逻辑思维只是一重保障，加上形象思维就多了一重保障，这也是用场景法记忆的核心所在。

二、用简图法记忆古文

采用简图法和场景法记忆古诗词有些类似。

对于那些在脑海中想象出图像能力比较强的人来说，可能场景法用起来会得心应手。但是也不排除有些人会认为仅仅在脑海里想象出图像还不够，希望画面能够更直观些，此时运用简图法就是一个不错的选择。

我们可以通过自己动手绘图，把古诗词中的景象结合自己的理解以图画的形式呈现出来，从而帮助自己提高记忆效率。在记忆的同时，还能通过画画来适当放松、陶冶情操，因为绘图的过程就是一个调动多感官的过程，所以也算是一种一举多得的方法。

下面我们用来举例的是一篇经典古文《陋室铭》。

> **陋室铭**
>
> **唐·刘禹锡**
>
> 　　山不在高，有仙则名。水不在深，有龙则灵。斯是陋室，惟吾德馨。苔痕上阶绿，草色入帘青。谈笑有鸿儒，往来无白丁。可以调素琴，阅金经。无丝竹之乱耳，无案牍之劳形。南阳诸葛庐，西蜀子云亭。孔子云：何陋之有？

记忆古文和记忆古诗词的步骤是一样的。第一步，朗读赏析。第二步，选择方法。在此，我们用的是简图法。第三步，记忆还原。

此文第一句"山不在高，有仙则名"的意思是：山不在于高，有了仙人就成了名山。我们可以画一座不太高的山，要画出山的气势，至于山的形状、颜色等大家可以根据自己的喜好来画即可，山上还要有一位仙人。这里要强调的一点是，最后所有的景象汇聚在一起要成为一幅和谐的画面，而不是一个个独立的画面片段。

第二句"水不在深，有龙则灵"的意思是：水不在于深，有了龙就成为有灵力的水了。大家可以在山脚下画一条河流，形成山水相依的画面，至于水里面要不要画龙可以自行发挥。如果不画龙的话，可以考虑把河流的形状画成弯弯曲曲的龙形，这也能构成"有龙则灵"的提示。有一点需要说明的是,我们所有画的景象都是为了起到一个线索提示的作用,所以并不是以画的精美程度来衡量大家画作的好坏,能帮助你将文章背下来才是最重要的。

第三句"斯是陋室,惟吾德馨"的意思是:这是简陋的屋子,只是我(住屋的人)的品德好(就不觉得简陋了)。大家可以在河边画一座简陋的茅草屋,而且这座茅草屋可以画得稍微大一些。为什么呢?首先申明,并不是因为我想给作者住大房子,而是因为我上面强调过的一点,最终所有的景象要成为一幅和谐的画面,考虑到后面还有描写茅屋的台阶、门帘以及屋内的景象,所以这座陋室必须要画大一些才能为后面的这些景象留出空间。为提高效率,大家在做第一步朗读赏析的时候,就可以在脑海里想好这些空间布局。陋室画好以后,为了提示"惟吾德馨"这句话,大家可

《陋室铭》定桩图

以考虑在门匾上写下"德馨"两个字。

第四句"苔痕上阶绿，草色入帘青"的意思是：苔藓碧绿，长到阶上；草色青葱，映入帘里。大家可以在陋室门口画一个台阶，台阶上长着苔藓和青草，青草蔓延到门帘里了。推开门帘，看到了第五句"谈笑有鸿儒，往来无白丁"描写的景象——说说笑的都是博学的人，来来往往的没有无学问的人。大家可以画一群人在说说笑笑地围坐着喝茶。由于"鸿儒"和"白丁"都是属于有些抽象需要理解的词，画面可能不太好呈现，这时候就可以运用一些记忆的处理技巧。比如由"鸿儒"的"鸿"，想到"红色"的"红"，正好后面的"白丁"里有"白色"的"白"。所以可以考虑在这个景象里面加入红色的元素，比如他们喝的是红茶，不喜欢喝白开水。这样一来就记住了"鸿儒"和"白丁"。

下两句"可以调素琴，阅金经。无丝竹之乱耳，无案牍之劳形"的意思是：可以弹不加装饰的琴，阅读佛经。没有嘈杂的音乐声扰乱耳朵，没有官府的公文使身体劳累。这两句连贯起来理解会更好些，前后对应的关系，由"素琴"可以想到"丝竹"，由"金经"可以想到"案牍"。这两句我们可以这样画：在墙上挂着一把古琴，古琴的旁边有个书柜放着佛经等书。

第七句"南阳诸葛庐，西蜀子云亭"的意思是：这陋室好比南阳诸葛亮的茅庐，西蜀扬子云的玄亭。如果要把诸葛庐和子云亭画出来可能工程量有点大，那么大家可以运用记忆的思维简化进行处理。"南阳诸葛庐"我们可以用一个香炉提示——书柜的下层放着一个正冒出烟雾的香炉，再结合"西蜀子云亭"，可以想香炉冒出的烟雾就像一朵云的形状，从而提示出"西蜀子云亭"。在遇到稍微复杂些的意象时，建议大家要学会化繁为简，毕竟我们不是百分之百的情景还原，只要能起到辅助记忆的作用就可以了。

最后一句"孔子云：何陋之有"作为点题的一句，不用特别处理也能记住。

如果在熟读原文和完成画作的两个前提之下，我们再去背诵全文应该会是一件比较简单的事情。简图法的好处在于在记忆的同时，我们也顺便培养了一门兴趣爱好，让记忆变得更加生动有趣。

三、用标题定桩法记忆古诗词

前文和大家分享了用场景法记忆李清照的词《声声慢·寻寻觅觅》，下面我们尝试用标题定桩法背诵一首稍微长一点的诗《白雪歌送武判官归京》。这首诗描写的是塞外送别，雪中送客的场景，堪称盛世大唐边塞诗的压卷之作。大家可以先朗诵一遍这首诗，感受一下它的意境。

白雪歌送武判官归京

唐·岑参

北风卷地白草折，胡天八月即飞雪。

忽如一夜春风来，千树万树梨花开。

散入珠帘湿罗幕，狐裘不暖锦衾薄。

将军角弓不得控，都护铁衣冷难着。

瀚海阑干百丈冰，愁云惨淡万里凝。

> 中军置酒饮归客,胡琴琵琶与羌笛。
>
> 纷纷暮雪下辕门,风掣红旗冻不翻。
>
> 轮台东门送君去,去时雪满天山路。
>
> 山回路转不见君,雪上空留马行处。

这首诗由于是写景叙事的,我们可以选择场景法来记忆。但是,因为这首诗的句子比一般的诗要多些,而且标题也比较长,结合这两点,我们也可以考虑用标题定桩法来进行记忆。《白雪歌送武判官归京》标题正好是九个字,这首诗也正好是九句,所以可以形成一一对应的关系。

①北风卷地白草折,胡天八月即飞雪。——白

②忽如一夜春风来,千树万树梨花开。——雪

③散入珠帘湿罗幕,狐裘不暖锦衾薄。——歌

④将军角弓不得控,都护铁衣冷难着。——送

⑤瀚海阑干百丈冰,愁云惨淡万里凝。——武

⑥中军置酒饮归客,胡琴琵琶与羌笛。——判

⑦纷纷暮雪下辕门,风掣红旗冻不翻。——官

⑧轮台东门送君去,去时雪满天山路。——归

⑨山回路转不见君,雪上空留马行处。——京

第一个字"白",对应的第一句是"北风卷地白草折,胡天八月即飞雪",这句诗描写的边塞八月的风就很大了,把枯草都吹折了,而且还下起了雪。上半句正好有"白草"这个词,所以由白字很容易想到"白草",由白草就可以想到上半句"北风卷地白草折"。一般而言,在你熟读这首诗的前

第二章 语文知识轻松记

提下,知道上句就可以顺口说出下句,所以下一句一般不需要怎么处理。当然,如果你还是担心可能会遗忘,那就在容易忘的那句稍微加一点信息点,比如"胡天八月即飞雪",可以想既然飞雪了,自然到处都是一片白了,所以也和"白"字联系起来了。因此此诗的第一句通过自己的理解还是比较容易记住的。

第二个字"雪",对应的是"忽如一夜春风来,千树万树梨花开"。这句诗大家再熟悉不过了,所以不需要太多处理,直接想象雪花落在树上像梨花开放一样的场景就可以了。

第三个字"歌",对应的是"散入珠帘湿罗幕,狐裘不暖锦衾薄"。这句诗描写的是雪花散入珠帘把挡风的帐幕都打湿了,即便穿着狐裘都还觉得薄,可见天气有多么冷。由"歌"字很容易想到歌声或是唱歌,再看看诗句,可以想到从哪里传出了歌声呢?什么样的人在唱歌呢?我们可以想到从珠帘后面传出了歌声,穿着狐裘的人在唱歌。虽然这个场景会与原诗不符,但这里只是利用"歌"字作为我们索引这一句诗的一个线索,并不是要大家这么去理解,所以不用担心会误解了原意。

第四个字"送",对应的是"将军角弓不得控,都护铁衣冷难着",这句诗描写的是将军的角弓都冻得拉不开了,都护的铠甲也有点穿不上。由"送"字可以想送给将军角弓和都护铁衣,就可以帮助我们索引出"将军角弓不得控,都护铁衣冷难着"这一句。

背完上面一小段可以立即复习一遍,这样效率更高。

第五个字"武",对应的是"瀚海阑干百丈冰,愁云惨淡万里凝",这句诗描写的是无边沙漠结成百丈坚冰,忧愁的阴云凝结在长空。由"武"可以想到即使武力再强的人都无法让这百丈坚冰消融,让这万里愁云散去。

第六个字"判",对应的是"中军置酒饮归客,胡琴琵琶与羌笛",这句诗描写的是帐中摆酒为回京人送行,助兴的是胡琴、琵琶与羌笛。一般古人的酒宴都要有音乐伴奏,由"判"字可以想到"判断、判定",因此通过听音能够判断出助酒的乐器是胡琴、琵琶与羌笛。

第七个字"官",对应的是"纷纷暮雪下辕门,风掣红旗冻不翻",这句诗描写的是黄昏时辕门外大雪纷飞,冻硬的红旗风吹不飘动。由"官"字可以想到"官员",进而可以想官员们纷纷下辕门,走向红旗。

第八个字"归",对应的是"轮台东门送君去,去时雪满天山路",这句诗描写的是在轮台东门外送君回京,临行时茫茫白雪布满山。由"送君去"就可以联系到"归"字,意即回去的道路被大雪覆盖了。

第九个字"京",对应的是"山回路转不见君,雪上空留马行处",这句诗描写的是山路曲折不见你的身影,雪地上空留马蹄的印迹。由"京"可以想到京城,所以可以想象往京城去了,山回路转看不到人了,只留下马蹄的印迹让人思念。

四、用内定桩法记忆古诗词

前面我和大家分享了用标题定桩法记忆古诗词,可能有读者就会有疑问了,当标题字的数量和诗词的句数不一致时怎么办呢?或是当标题实在不好用来定桩时又该如何处理呢?其实,一旦大家明白了定桩法的核心是借助熟悉的信息来帮助我们记忆新的信息后,就可以不局限于只是用标题来定桩了。事实上,每首诗词都有大家所熟悉的诗句,那句你熟悉的诗句就可以用来帮助你记忆整首诗词,和标题发挥的作用是一样的。借助诗词内部的诗句来帮助定桩记忆,我们称之为"内定桩法"。下面我们要用来举例的这首词是苏轼的《水调歌头·明月几时有》。

> **水调歌头·明月几时有**
>
> 宋·苏轼
>
> 明月几时有?把酒问青天。
>
> 不知天上宫阙,今夕是何年。
>
> 我欲乘风归去,又恐琼楼玉宇,高处不胜寒。
>
> 起舞弄清影,何似在人间?
>
> 转朱阁,低绮户,照无眠。
>
> 不应有恨,何事长向别时圆?
>
> 人有悲欢离合,月有阴晴圆缺,此事古难全。
>
> 但愿人长久,千里共婵娟。

记忆这首词可以有多种方法,场景法同样是可以的。歌手王菲有一首歌就是《水调歌头》,用唱的形式来表达这首词,对于音乐节奏感比较强的读者来说这也是一种不错的记忆方式。在此,我们重点介绍内定桩法的记忆思路。

大家可以从诗词里面选熟悉的一句作为记忆的桩,在此我们就直接选择第一句作为讲解示范。第一句的上半句是"明月几时有",总共是五个字,全词总共有八句,也就是说用来定桩的句子的字数和要记忆的诗句数量不一致。此时有两种处理思路。

第一种思路，就用"明月几时有"这五个字，那就意味着其中有几个字是要一个字定桩两句词，比如"明月几时有"的最后一个字是"有"，而整首词的最后两句是"人有悲欢离合，月有阴晴圆缺，此事古难全"和"但愿人长久，千里共婵娟"，"有"字就需要把这两句都定桩了，即一个字当两个字用，这样才有可能用五个字定桩八句词。

第二种思路，是把第一句词的下半句加进来用，也就是用"明月几时有？把酒问青天"整句词来帮助定桩。但同样的问题是，这句词总共有十个字，而全词总共是八句，所以数量还是不匹配。桩子多了相对比较好处理，就是把不太好定桩的两个字舍弃掉。

相对而言，第一种思路处理起来难度会比第二种思路稍微大些，考虑到大家都是初学者，我们就直接用第二种思路。

第一个字是"明"，对应的是"明月几时有，把酒问青天"，这句词的意思是明月从何时才有？端起酒杯来问青天。因为这句是用来定桩的句子，所以大家会背得比较熟，在此就不过多讲解了。

第二个字"月"，对应的是"不知天上宫阙，今夕是何年"，这句词的意思是不知道天上的宫殿，今天晚上是哪一年了。看到"月"字，再看到诗句里面的"天上宫阙"，是不是很容易想到《西游记》里面的月宫呢？《西游记》里面是不是还说过"天上一天，地上一年"呢？所以由一个"月"字，可以想到月亮上的宫殿，进而索引出"不知天上宫阙，今夕是何年"。

第三个字"几"，对应的是"我欲乘风归去，又恐琼楼玉宇，高处不胜寒"，这句词的意思是我想要乘御清风回到天上，又担心返回天上的琼楼玉宇，高处不胜寒。由"几"字再结合句子里面的"琼楼玉宇"，可以想正好看到了几栋琼楼玉宇,就把"几"字和琼楼玉宇联系起来了,进而索引出"我欲乘风归去,又恐琼楼玉宇,高处不胜寒"。

第四个字"时",对应的是"起舞弄清影,何似在人间",这句词的意思是翩翩起舞和影子玩耍,归返月宫怎比得上在人间。由"时"字再结合"起舞弄清影",可以想跳舞的时辰到了,进而索引出"起舞弄清影,何似在人间"。

第五个字"有",对应的是"转朱阁,低绮户,照无眠",这句词的意思是月儿转过朱红色的楼阁,低低地挂在雕花的窗户上,照着没有睡意的人。由"有"字结合诗句就可以想到"有朱阁",进而就可以索引出"转朱阁,低绮户,照无眠"。

至此,我们可以先把前五句复习一遍,以加深印象。

第六个字"把",对应的是"不应有恨,何事长向别时圆",这句词的意思是明月不该对人们有什么怨恨吧,为何偏在人们离别时才圆呢?如果觉得"把"字不好联结,就可以舍弃这个字。如果不用"把"字,那么我们可以用第七个字"酒",由"酒"字和"不应有恨"是不是很容易想到借酒消愁呢?如果觉得后半句"何事长向别时圆"也可能会忘,可以加一个信息点,把"酒"与"何事"再联结一下,比如为何事而喝酒啊?这样一来,就由一个"酒"字,索引出"不应有恨,何事长向别时圆"。

第八个字"问",对应的句子是"人有悲欢离合,月有阴晴圆缺,此事古难全",这句词的意思是人有悲欢离合的变迁,月有阴晴圆缺的转换,这种事自古来难以周全。由"问"字可以想到正好问问为什么人有悲欢离合,月有阴晴圆缺?这种事自古以来都难周全。所以,由"问"字就可以索引出"人有悲欢离合,月有阴晴圆缺,此事古难全"。

第九个字"青",对应的是"但愿人长久,千里共婵娟",这句词的意思是但愿亲人能平安健康,虽然相隔千里,也能共享这美好的月光。同样地,如果觉得"青"字不太好联结,可以往后再看一个字,也就是"天",再看诗句是"但愿人长久,千里共婵娟",由"天"是不是可以想到"天长地久"呢?所以,由"天"字就能索引出"但愿人长久,千里共婵娟"。

通过上面的分享你应该发现了定桩法的表现形式是有多种的,不仅仅只是标题可以用来定桩,内定桩法也是一种不错的选择。

五、用图片定位法记忆古诗词

下面我们用来举例的是曹操的《观沧海》。之所以选这首诗也是因为它比一般的诗稍微长些,当然大家也可以用场景法或是简图法记忆,下面提及的图片定位法是要给大家一种新的思路。

你完全可以用一张自己拍过的海景照片作为定位图片。如果自己没有合适的照片也没关系,可以在百度里搜索"观沧海",从中选择一张图片作为示例图片。

观沧海
汉·曹操

东临碣石,以观沧海。

水何澹澹,山岛竦峙。

树木丛生,百草丰茂。

第二章 语文知识轻松记

> 秋风萧瑟，洪波涌起。
>
> 日月之行，若出其中。
>
> 星汉灿烂，若出其里。
>
> 幸甚至哉，歌以咏志。

整首诗总共有七句，按理我们需要在定位的图片中找到七个记忆的地点桩，但是因为这首诗中"日月之行，若出其中；星汉灿烂，若出其里"是前后呼应的关系，所以用一个地点桩即可，因此记忆这首诗最少需要六个地点桩。第一句是"东临碣石"，所以我们可以把图片最左边的那块石头作为第一个地点桩，第二个地点桩是波涛起伏的海水，第三个地点桩是图片右边岛上的树，第四个地点桩是天上的云，第五个地点桩是太阳，第六个地点桩是渔船。如此这般地找完地点桩以后，接下来我们就是把每一

《观沧海》定位图

句诗和每一个地点桩建立起关联。

第一句诗"东临碣石，以观沧海"的意思是：东行登上碣石山，来看海。这一句之后就是描写作者所看到的景象了。第一个地点桩是石头，可以想到作者站在石头上观赏大海，所以可以想到"东临碣石，以观沧海"。

第二句诗"水何澹澹，山岛竦峙"的意思是：海水多么宽阔浩荡，山岛高高地挺立在海边。第二个地点桩是海水，可以看到水面波涛起伏，图片的右边正好是一座山岛，所以可以想到"水何澹澹，山岛竦峙"。

第三句诗"树木丛生，百草丰茂"的意思是：树木和百草一丛一丛的，十分繁茂。这一句描写的是静景。第三个地点桩是树，可以想到树木丛生，还可以想到树下面长着草，所以是百草丰茂，因此整句就是"树木丛生，百草丰茂"。

第四句诗"秋风萧瑟，洪波涌起"的意思是：秋风吹动树木发出悲凉的声音，海中翻腾着巨大的波浪。这一句描写的是动景。第四个地点桩是天上的云，可以想到秋风吹动着天上的云，云下面是洪波涌起，所以整句就是"秋风萧瑟，洪波涌起"。

第五句诗"日月之行，若出其中；星汉灿烂，若出其里"的意思是：太阳和月亮的运行，好像是从这浩瀚的海洋中出发的。银河星光灿烂，好像是从这浩渺的海洋中产生出来的。此处用夸张的手法描写了大海的壮观，同时也能看出作者宏伟的政治抱负。第五个地点桩是太阳，可以想到日月之行，由日月也比较容易想到星汉，所以整句就是"日月之行，若出其中；星汉灿烂，若出其里"。

第六句诗"幸甚至哉，歌以咏志"的意思是：庆幸得很哪，就用诗歌来表达心志吧。第六个地点桩是渔船，可以想到作者站在渔船上歌以咏志，因此就能想到"幸甚至哉，歌以咏志"。

现在我们需要回忆一下。对于原诗的诗句已经读得比较熟的读者，相信应该很快就能将诗背下来。对于诗句还不是很熟悉的读者，要还原句子可能会稍微有点难度，但是，只要你按照上述步骤来实践，相信你很快就可以将全诗记忆下来了。

有了前面几节古诗词学习的基础，相信大家也能够比较快地接受图片定位法。

六、用简图法记忆古诗词

由于诗词一般都是传达作者感情或描写景物的，很容易让我们有身临其境之感，所以联想场景、景物记忆会比较深刻。但是，我们在记忆过程中往往需要对一些字词做形象化的处理，先了解原文，再运用形象联想绘制简图记忆。

1. 短篇诗词的记忆

其实无论长篇还是短篇诗词，记忆的方法大同小异。下面我们由浅入深，先以比较简单的诗词为例，给大家分享简图法的实际运用。

寒 食

唐·韩翃

春城无处不飞花，寒食东风御柳斜。

日暮汉宫传蜡烛，轻烟散入五侯家。

注释：暮春的长安城里杨花漫天飞舞，寒食节东风吹斜了宫中的柳树。黄昏时分，宫里开始赏赐新蜡烛，轻烟率先升起在皇亲国戚的家里。

对于要立刻掌握的诗词，我们运用简图法时一般不用涂颜色，因为这会花费时间。但是如果时间较为充裕，想要完美些，也可涂上颜色，这样会更容易记忆。

《寒食》简图

竹 石

清·郑燮

咬定青山不放松，立根原在破岩中。

千磨万击还坚劲，任尔东西南北风。

注释：紧紧咬定青山不放松，原本深深扎根石缝中。千磨万击身骨仍坚劲，任凭你刮东西南北风。

《竹石》简图

2. 长篇诗词的记忆

我们在学习语文时还会遇到很多长篇诗词或古文。针对长篇古诗文该如何绘制简图呢?

当我们运用简图法记忆较长信息时,需要将信息分段处理,一段段地记忆,然后再整体复习记忆。也许有人会问:如果用简图,会不会曲解了原文含义?

原则上来说,第一,我们在理解了原文含义后再运用此方法记忆;第二,尽量先遵循原文含义的情境绘制简图,如果原文没有情境或是无法对连接性词句进行形象转化,那么再特别记忆;第三,无论采取什么方法记忆,之后都会核对原文复习。通过以上三重保障,再加上我们原本的辨别能力,是不会将原文意思曲解的。

十五从军征

佚名

十五从军征，八十始得归。道逢乡里人：家中有阿谁？
遥看是君家，松柏冢累累。兔从狗窦入，雉从梁上飞。
中庭生旅谷，井上生旅葵。舂谷持作饭，采葵持作羹。
羹饭一时熟，不知贻阿谁！出门东向看，泪落沾我衣。

注释：刚满十五岁的少年就出去打仗，到了八十岁才回来。路遇一个乡下的邻居，问："我家里还有什么人？""远远看去那就是你家，但现在已经是松柏青翠，坟冢相连了。"走到家门前看见野兔从狗洞里出进，野鸡在屋脊上飞来飞去。院子里长着野生的谷子，野生的葵菜环绕着井台。用捣掉壳的野谷来做饭，摘下葵叶来煮汤。汤和饭一会儿都做好了，却不知赠送给谁吃。走出大门向着东方张望，老泪纵横，洒落在征衣上。

这首诗描绘了一个"少小离家老大回"的老兵返乡途中与到家之后的情景，抒发了这个老兵的情感，也反映了当时的社会现实，具有一定的典型意义。本诗共八句，前三句是对老兵归来后的对话，中间四句是对如今老兵家里荒凉环境的描写，最后一句升华情感，抒发老兵心中的悲哀。在记忆时，也可以将八句按照上面叙述的逻辑分成归村、进家、出门三部分，每部分按照简图法单独绘制简图记忆，最后将三部分联系起来整体复习记忆。

第一部分：十五从军征，八十始得归。道逢乡里人：家中有阿谁？遥看是君家，松柏冢累累。

第二章 语文知识轻松记

《十五从军征》分解图一

第二部分：兔从狗窦入，雉从梁上飞。中庭生旅谷，井上生旅葵。舂谷持作饭，采葵持作羹。羹饭一时熟，不知贻阿谁！

《十五从军征》分解图二

第三部分：出门东向看，泪落沾我衣。

《十五从军征》分解图三

七、用思维导图法记忆诗词、文章

对于诗词、文章的记忆，除了用简图法外，还可以使用思维导图法进行记忆。只不过使用思维导图法来记忆诗词、文章对大家的要求会更高些，相比之下理科知识梳理中思维导图的逻辑归类性能够很好体现，很容易使用和绘制，而在文章分析，特别是诗词、古文分析中会显得困难些。因而在此只简单介绍这种方式，不深入探讨。

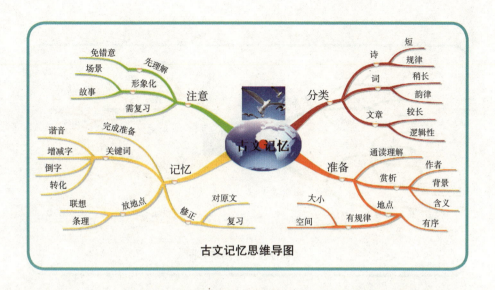

古文记忆思维导图

通过不断的实战和传授,我们发现这种方法对于能够熟练使用思维导图的人会更有效,但是对于不能熟练使用的人,掌握起来就会很困难,于是后期我就没有再推荐新手使用这种记忆古文的方法。下面以《前赤壁赋》第一段为例,进行思维导图记忆分享。

壬戌之秋,七月既望,苏子与客泛舟游于赤壁之下。清风徐来,水波不兴。举酒属客,诵明月之诗,歌窈窕之章。少焉,月出于东山之上,徘徊于斗牛之间。白露横江,水光接天。纵一苇之所如,凌万顷之茫然。浩浩乎如冯虚御风,而不知其所止;飘飘乎如遗世独立,羽化而登仙。

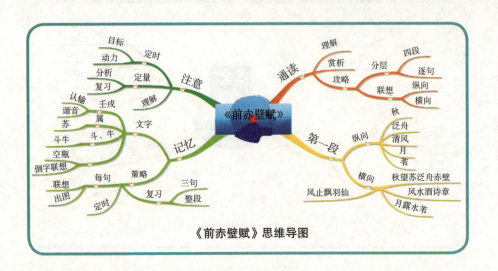

《前赤壁赋》思维导图

八、现代文的记忆

如果我们需要将课文一字不漏地背诵出来，运用思维导图法就不合适了。我们一般会运用简图法，因为很多要求背诵的文章，要么是富有诗意或感情的段落，要么是富含哲理的内容。如果运用简图绘制，然后联想作者的思路，还原复习记忆会比较容易。当我们的大脑里面有了文章思路和画面时，只需要一字一句地核对来复习记忆即可。

海 燕

高尔基

在苍茫的大海上，狂风卷集着乌云。在乌云和大海之间，海燕像黑色的闪电，在高傲地飞翔。

一会儿翅膀碰着波浪,一会儿箭一般地直冲向乌云,它叫喊着,——就在这鸟儿勇敢的叫喊声里,乌云听出了欢乐。

在这叫喊声里——充满着对暴风雨的渴望!在这叫喊声里,乌云听出了愤怒的力量、热情的火焰和胜利的信心。

海鸥在暴风雨来临之前呻吟着,——呻吟着,它们在大海上飞窜,想把自己对暴风雨的恐惧,掩藏到大海深处。

海鸭也在呻吟着,——它们这些海鸭啊,享受不了生活的战斗的欢乐:轰隆隆的雷声就把它们吓坏了。

蠢笨的企鹅,胆怯地把肥胖的身体躲藏到悬崖底下……只有那高傲的海燕,勇敢地,自由自在地,在泛起白沫的大海上飞翔!

乌云越来越暗,越来越低,向海面直压下来,而波浪一边歌唱,一边冲向高空,去迎接那雷声。

雷声轰响。波浪在愤怒的飞沫中呼叫,跟狂风争鸣。看吧,狂风紧紧抱起一层层巨浪,恶狠狠地把它们甩到悬崖上,把这些大块的翡翠摔成尘雾和碎末。

海燕叫喊着,飞翔着,像黑色的闪电,箭一般地穿过乌云,翅膀掠起波浪的飞沫。

看吧,它飞舞着,像个精灵,——高傲的、黑色的暴风雨的精灵,——它在大笑,它又在号叫……它笑那些乌云,它因为欢乐而号叫!

> 这个敏感的精灵,——它从雷声的震怒里,早就听出了困乏,它深信,乌云遮不住太阳,——是的,遮不住的!
>
> 狂风吼叫……雷声轰响……
>
> 一堆堆乌云,像青色的火焰,在无底的大海上燃烧。大海抓住闪电的箭光,把它们熄灭在自己的深渊里。这些闪电的影子,活像一条条火蛇,在大海里蜿蜒游动,一晃就消失了。
>
> ——暴风雨!暴风雨就要来啦!
>
> 这是勇敢的海燕,在怒吼的大海上,在闪电中间,高傲地飞翔;这是胜利的预言家在叫喊:
>
> ——让暴风雨来得更猛烈些吧!

《海燕》是高尔基创作的一篇著名散文诗。作者描绘了海燕面临狂风暴雨和波涛翻腾的大海时的壮丽场景,有着深广的政治意义和象征内涵。

对于描述性的文章,我们很容易能够联想出画面,有身临其境的感觉,所以运用简图法会比较容易记忆。

第一步,挑取关键词。

乌云、海燕、海鸥、海鸭、企鹅、波浪、飞沫、大海。

第二步,根据关键词绘制简图。

《海燕》简图

第三步，根据关键词核对原文复习记忆。

通过上面的介绍，大家对于文章和诗词的记忆方法都已经了解了，关键在于抓住知识重点，并且培养自己快速形象化联想记忆的能力。

在今后的学习过程中若我们碰到经典文章，应该多多背诵，而且要做到倒背如流，即便考试大纲并没有要求背诵。这些经典文章就好比我们的文化养分，现在也许不能完全理解其内涵，我们也要先把它们装进大脑，随着自己经历越来越丰富，感悟越来越多，这些养分就会慢慢地让我们的思维和智慧之树生长得更加茁壮。

第三章

秒杀英语记单词

第一节
英语单词记忆原理

一、为何你就是记不住英语单词

有一位伟人说得好:"我们要战胜敌人,首先要找出敌人在哪里。若你连敌人在哪里都不知道,又怎么去制定战略战术呢?"

同样的道理,我们要战胜单词,最重要的就是要找出我们记不住单词的原因。

如果你能够用一天的时间记忆 800 个以上陌生的英语单词,并且第二天也没有忘记,甚至过了更长的时间还能记住,那么本书后面的内容你基本上可以不用看了(当然这本身不是大多数人能做到的)。如果你连一天记忆 300 个单词都没有完全的把握,那么接下来的内容对你将非常重要!

1. 不懂得英语单词的构造原理

一个单词为什么是这个意思?为什么要用这一串字母来为其造字?出于什么样的造字考虑呢?这些"造字机理"方面的事情,历史上从来没有一本书将其讲清讲透,因此中国人面对英语单词就像面对一个个密码,即使背下来了,也同样疑惑重重,没有找到可靠的解义线索和记忆线索,大部分靠死记硬背。

2. 汉语是表意系统，英语是表音系统

每一个人都有学会任何国家语言的能力，甚至是动物的语言，狼孩儿就是很好的例子。但这种能力是有时限性的，年龄越小越能自动习得。婴儿出生后的0～6个月是学习语言的关键期，虽然他还不会说话，但已经开始大量吸收信息。所以简单来说，人类有先天学会母语的能力，并且在学会母语的过程中，大脑的思维能力同步成长，就好比给大脑安装了语言软件，只不过汉语安装的是表意系统的软件，英语安装的是表音系统的软件。因为两种语言有很大的差异，所以我们就会先入为主，在学习另外一种语音时出现不兼容的情况。

3. 先学汉语拼音，后学英语，难免混淆视听

汉语拼音先入为主的"相克"效应，会对我们记忆英语单词产生一定的影响。很多人是从小学一年级起就开始学拼音，到了初中一年级才开始学英语的。这就造成了在正式学习英语单词的几年前就先以汉语拼音的方式接触了26个拉丁文字母。这种先入为主，直接影响了我们对同由拉丁文字母组成的另一个符号系统——英文单词的正确认识，进而导致两者混淆视听。举例：大小的"大"字，它的发音"da"，字音字义没有任何关联。

二、英语单词背后的秘密

英语的来源虽然很复杂，但是它其实具备一些基本规律，如果掌握了这些规律，就能有事半功倍的效果，如词源规律、英语的"偏旁部首"（词

根、前后缀)、音变规律、"乾坤大挪移"等。在学习英语之前，你还要问自己几个问题："单词"和"汉字"分别是怎么回事？可以一样理解吗？英语单词有什么样的特征？如果还没有认真思考过上述问题，就直接开始记忆单词，就好比你上了战场，手中却没有武器，也不知道敌人在哪里一样，这不是送羊入虎口吗？或者换一个比喻：你要从北京到广州，不清楚路线，没有准备好交通工具，就开始了一场说走就走的旅行，其结果只能是越走越辛苦，直至崩溃。

因此，不要小看英语单词，它的背后还隐藏着不少小秘密呢。

1. 隐藏在词源里的秘密

要想学好一门语言，必须了解这种语言所承载的文化。而在众多的要素中，词汇和文化的关系最为密切，词汇的起源甚至直接源自文化的发展变迁。词源能让大家看到词汇构成的发展，从而充分理解单词。我们都知道理解有利于记忆，很多单词的背后都有一个与词义演变有关的鲜活故事。了解这些故事，不仅可以对学习这门语言和了解相关文化起到重要作用，还可以通过分析造词的过程使人们对历史传统、社会风俗、认知特点和审美习惯等文化因素有一个全面的了解和认识。由此可以大大激发学习语言的兴趣，了解语言背后的文化积淀。所以，学习词源不仅仅是记忆单词。

例如：袋鼠是澳大利亚特有的动物，英文名称 kangaroo 是由误解产生的。传说 1770 年，英国航海家詹姆斯·库克船长的船队停靠在澳大利亚的东海岸，船员们看到那里到处都是这种奇怪的动物，便问当地人那些动物的名字。当地人听不懂英语，英国船员也听不懂当地话，当他们听到当地人说类似 kangaroo 的一串音节时，便认为这是那种动物的名称。此后，英语中一直把袋鼠叫作 kangaroo。

2. 隐藏在单词"偏旁部首"里的秘密

我们从小学汉字就知道要先学习偏旁部首，只要知道了偏旁部首就有可能猜出大概的词义。其实在英语中，通过分析词根、词缀（前缀、后缀）也能大致地猜出单词的意思。更加重要的是，大学英语六级所要求的词汇大约有 80% 可以分解成"词根＋词缀"的形式。所以在学习英语单词之初就建立"偏旁部首"的意识非常重要，并且随着自身词汇量的增加，越到后面记忆越高效、轻松。

（1）80% 的单词包含的词根、词缀只有 400 多个。

词根：词根不仅是一个单词的核心，同时也是一组单词的共同核心，它包含着这组单词共同的基本意义。所以词根最大的特点就是衍生能力很强，能够以一当十，甚至更多。

分析词根能高效地记单词。例如："prologue"（前言）、"monolog"（独白）、"epilog"（结语）、"travelog"（旅行纪录片）、"dialog"（对话）、"apology"（道歉）等单词中，有一个共同的核心"log"（语言），是这组单词共有的词根，因此这组词的意义都与"语言"有关。由此可见，掌握适量的词根对于快速扩充词汇量起着至关重要的作用。

词根、词缀的意义不容忽视。随着学生年级的上升，词根、词缀在记忆英语单词乃至整个英语学习过程中的作用越来越大。在两万个英语单词里，常见词根、词缀只有 400 多个，几乎囊括了 80% 的单词。我们建议的学习步骤是：小学阶段可以通过简单词先了解英语单词的词根、词缀，逐步了解英语单词构词的概念，建立依据词根、词缀拆分单词的意识；初中阶段使用已知的少量词根、词缀，练习记忆单词；高中阶段就可以有计划地记忆常见的400多个词根、词缀。当你发现记忆英语单词原来如"词"简单时，就可以坚"词"到底，最后练成"词词不忘"的"盖词神功"。

（2）词根与词缀如何构词？

一个词根构成的单词：fact（做）→ fact（事实）。

词根 + 词根构成的单词：manu（手）+script（写）→ manuscript（手稿）。

词根 + 词缀构成的单词：govern（管理）+ment（后缀）→ government（政府，内阁）。

加前缀：im（入）+port（运）→ import（输入，进口）。

加后缀：equ（相等）+ate（使）→ equate（使相等）。

同时加前、后缀：pro（向前）+gress（步）+ive（……的）→ progressive（进步的）。

多重词根、词缀：in(不)+co(合)+her(黏)+ent(……的)→ incoherent（无黏合力的，分散的）。

（3）词根、词缀能帮我们做什么？

第一，更准确地理解、记忆单词词义。

单词 bicycle（自行车）是由 bi+cycle 组成。其中词根 cycle 是"循环、圆圈"的意思，前缀 bi 表示"两个，双倍的"——两个圆圈组成了自行车。同样 tri "三个、三倍的"+cycle "循环、圆圈"构成了 tricycle（三轮车）。

单词 embed 表示"安置，嵌于"，可以拆分成两个部分：em（进入）+

bed（范围：床，本义是"坑"）→进入范围（进入坑）→安置，嵌于。

这个过程可以帮我们更好地理解 bicycle 和 embed 这两个单词的词义了。

第二，揭示音、形、义的规律。

英语是一种长于表音的文字，音与形、义的关系更为密切。"因声求义，形近义同"，就是说发音相似的词根很可能意义有相近之处，词形相近的词根很可能同源。

词根作为英语单词的核心，不但在形、义上起决定性的作用，对单词的发音也有重要的影响。尽管词根的发音受拉丁文、希腊文的影响会发生一定的变化，但词根对整个单词的读音还是起到了主导作用。从单词音节的划分来看，词根音节是天然的标志；从单词重音来看，词根常常担当重任；从单词内部的语音同化现象来说，一般是词根的音素同化词缀的音素。所以，掌握了词根往往也抓住了单词的读音重点。

第三，快速扩充词汇量。

一个词根可能带出的是一组词汇，记住词根、词缀相当于缩短了每个单词的记忆单元。如 import 这个单词，如果死记硬背是 i、m、p、o、r、t 六个记忆单元，而拆分成 im（入）+port（运）=import（输入、进口），就变成了两个记忆单元。

在记忆学里，记忆单元越少，相对来说就记得越快，相同的时间内词汇量扩充得越多。另外，词根还有迁移性，如 port 可以在 import 里担当重任，也在 transportation、opportunity、passport、report、sport、airport、support、unimportant、importance、important 等这一族群中堪当大任。

3. 隐藏在语音里的秘密

英语属于印欧语系，后来由于群族迁移到不同的地方，才使得语言发生了变化。这种变化类似于汉语方言的变化，有很强的规律性。英语中大量的同源词就是通过音变派生出来的。

而且英语单词由若干字母组成，发音不同，写法自然也不同，字母有规律地变换后，写法不同，但基本的意思不变。

（1）b—p—f—v—w 音。

中文的"泊"有两种发音："漂泊（bó）"与"湖泊（pō）"。英语中 burse 与 purse 都指"钱包"；live（生活）与 life（生命），give（给）与 gift（礼物），save（救）与 safe（安全），都体现了 f 与 v 的对应转换；wine（葡萄酒）与 vine（葡萄树），体现了 w 与 v 的对应。

（2）g—c—k—h 音。

中文的"咖"有两种发音："咖（gā）喱"与"咖（kā）啡"。英语中 angle（角度）与 ankle（踝）相对应；英语中 c 与 k 的音相同，语义上也相关，如 cat（猫）与 kitty（小猫）；c 与 h 经常对应，color 与 hole 中的 col 与 hol 表示"遮盖，隐藏"，color 指一种色可以遮盖另一种色，hole 是可以"隐藏"的地方。

（3）d—t—th—s 音。

中文中"弹"有两种发音："子弹（dàn）"与"弹（tán）钢琴"。英语中，词根里的 d 与 t 也会出现对应或替换的现象。

（4）a—o—e—i—u 音。

不仅仅是辅音字母有转换的情况，英语中元音字母也存在这样互转的情况，替换后词根的基本意思并没有大的改变。

如：gold（黄金）与 gild（镀金），就是典型的 o—i 互换；cap，cip，cup，capt，cept 都有"抓"的意思；同源异形根 band，bend，bind，bond，bund 都有"绑"的意思。

第二节
英语单词记忆方法

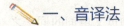一、音译法

1. 音译词

以读音相近的字翻译外族语言而形成的单纯词，称为音译词。

> ① sofa ['səʊfə] *n.* 沙发。
>
> ② golf [gɒlf] *n.* 高尔夫。
>
> ③ mew [mju:] *n.* 猫叫声。
>
> ④ radar ['reɪdɑ:] *n.* 雷达。
>
> ⑤ bus [bʌs] *n.* 巴士。

这些单词都是根据原发音的谐音翻译过来的，所以根据其发音即可知道单词是什么意思。这种单词往往有历史较短、接近现代的特点，在英语

词库中不多见,虽然发音与意思易于记忆,但是也得注意拼写。

花 2 分钟时间记忆以上 5 个单词的发音和拼写,看你是否能够记忆下来。来挑战一下!

你还知道哪些音译词:

_____

_____

_____

2. 谐音法

寻找英文单词发音的中文谐音,然后在中文谐音和英文单词的词义之间进行联想记忆的方法,称为谐音法。谐音法是一种非常个性化的记忆方法,对有些单词的记忆,你如果能够找到一种好的谐音,就可以立即记住这个单词。谐音可以采用方言,甚至采用其他外语。即使母语是英语的学生在学习英语时,也可以采用与谐音法原理相似的方法。

在发准音的基础上找到的谐音只是提供一种信息的检索手段,就好像是连接单词音和义的一座桥梁。它只是一种记忆的线索,达到目的后,桥梁就不再需要了。也就是说,通过中文谐音这座桥梁,我们能马上联想到单词的准确发音和准确词义,慢慢在大脑中形成了长期记忆,之后只要听到发音或词义,不需要通过中文谐音也能很自然地想起对方了,这就是记忆学里的"记忆过河拆桥论",但若没有这座桥梁,你对目的地只能望"河"兴叹,何谈发音是否准确?

用谐音法记忆时,要注意,人们对同一个事物采用不同的谐音,产生的认知和记忆线索是完全不同的,所以一个好的谐音对于提升记忆的效果是非常显著的。

① ambulance ['æmbjələns] n. 救护车。

谐音:俺不能死。

ambulance 联想图

② ambition [æm'bɪʃn] n. 野心。

谐音:俺必胜。

ambition 联想图

③ show [ʃəu] v. 展示。

谐音:秀。

show 联想图

二、拼音法

我们在记忆英语单词之前,如果首先能读准单词的发音,然后按照发音与字母的对应规律写出单词的拼写,这种记忆方法就叫作英语单词语音记忆法。根据语音记忆单词,在记住单词的同时,又能学会听和说,克服了"哑巴英语"的尴尬,一举两得。

1. 全拼法

有些英语单词的拼写形式与汉语拼音完全一样,可以利用汉语拼音对应中文含义,结合单词词义来联想记忆,这种方法称为全拼法。

① fare [feə] *n.* 食物;乘客;车费。

拼音:发热。

联想:想想即将得到的这笔**费用**,兴奋得全身**发热**。

fare 联想图

② language [ˈlæŋgwɪdʒ] n. 语言。

拼音：烂瓜哥。

联想：卖烂瓜的哥会很多种语言。

language 联想图

③ mile [maɪl] n. 英里；较大的距离。

拼音：弥勒。

联想：弥勒佛相隔一英里。

远

mile 联想图

④ change [tʃeɪndʒ] *n.* 改变；*v.* 改变。

拼音：嫦娥。

联想：**嫦娥改变**了对猪八戒的看法。

change 联想图

⑤ lute [lu:t] *n.* 诗琴。

拼音：鹿特。

联想：**鹿特**别喜欢**诗琴**。

lute 联想图

第三章 秒杀英语记单词

⑥ mote [məut] *n.* 尘埃；微粒。

拼音：模特。

联想：**模特**身上没有**尘埃**和**微粒**。

mote 联想图

2. 拼音组合法

两个或多个字母形成中文字词一部分发音的拼音组合，用这些发音对应的中文字词与单词意思联想记忆的方法，称为拼音组合法。

① hurry ['hɜːri] *v.* 赶快；匆忙。

拆分：hu（虎）+rry（人人要）。

联想：**虎**来了**人人要赶快**跑。

② bank [bæŋk] *n.* 银行。

拆分：ban（办）+k（卡）。

联想：在**银行办卡**。

③ mouth [maʊθ, maʊð] *n.* 嘴；口。

拆分：mou（谋）+th（谈话）。

联想：**谋士谈话**全凭一张**嘴**。

三、字形记忆法

1. 相似比较法

在英语单词中，有大量形近的单词，经常容易被混淆，应引起我们的高度重视。而且，在考试的时候，出题的人经常找这样的词来考大家，因为这样才有"杀伤力"。

把"长"得像的单词放到一起背，利用已知去背未知的单词将会事半功倍。更重要的是，我们会发现，即使是背单词这种无聊透顶的事，也可以变得趣味盎然。反正是要背，何不让自己轻松一点？

举例说明：

① hive [haɪv] *n.* 蜂房。

与 hive 形似的熟词，five（五）。

联想：**五个挺好**（h）的**蜂房**。

② sheet [ʃi:t] *n.* 被单；薄板。

与 sheet 形似的熟词，sheep（绵羊）。

联想：**绵羊**站在平坦（pt）的**薄板**上。

③ gaze [geɪz] *v.* 盯；凝视。

与 gaze 形似的熟词，game（比赛，游戏）。

联想：**盯着比赛**。

④ glue [glu:] *n.* 胶；胶水。

与 glue 形似的熟词，blue（蓝色的）。

联想：**蓝色**的**胶水**是**哥**（g）买的。

⑤ cream [kri:m] *n.* 奶油；乳脂。

与 cream 形似的熟词，dream（做梦）。

联想：小**弟**（d）**做梦**（dream）都想**吃**（c）**奶油**（cream）。

⑥ trap [træp] *v.* 捕捉；诱骗。

颠倒拼写：part（部分）。

联想：国家严禁打猎，一**部分**猎人还是设陷阱**捕捉**野生动物。

2. 归纳比较法

英语单词数目庞大，但是构成单词的字母，就只是那26个，这就必然会出现很多词形类似的单词。这类单词由于"长"得太像，可能还会经常混淆我们的视听，所以根据其"长相"进行归类，不仅能更有利于记住这些词，还有利于找出它们的区别所在。

angle 角；角度　　　　bangle 手镯；脚镯

dangle 悬挂　　　　　fangle 新款式；新发明

jangle 发出刺耳的声音　tangle 纠缠

entangle 使纠缠　　　　untangle 解开

wangle 使用策略；使用诡计

这一组单词的词形类似，它们都有angle，这是它们的共同点。同时，它们又不完全一样。我们在它们彼此不同的部分下面画了线，如果要记忆这组单词，关键就是创造画线部分与汉语意思的联结。这样，记忆的信息量一下就少了很多。

① bangle ['bæŋgl] *n.* 手镯；脚镯。

b 拼音"臂"。

联想：手臂上戴着手镯。

② dangle ['dæŋgl] *v.* 悬挂。

d 拼音"吊"。

联想：吊即悬挂的意思。

③ fangle ['fæŋgəl] *n.* 新款式；新发明。

f 拼音"发"。

联想：发→发明→新发明。

④ jangle ['dʒæŋgl] *v.* 发出刺耳的声音。

j 拼音"尖"。

联想：尖→尖叫→发出刺耳的声音。

⑤ tangle ['tæŋgl] *n.* 纠缠。

谐音"探戈"。

联想：跳探戈的人们纠缠在一起。

⑥ entangle [ɪn'tæŋgl] v. 使纠缠。

en 前缀，表示"使……"。

联想：**使**跳**探戈**的人们**纠缠**在一起。

⑦ untangle [ˌʌn'tæŋgl] v. 解开。

un 前缀，表示"反义"。

联想：**纠缠**与**解开**互为**反义词**。

⑧ wangle ['wæŋgl] v. 使用策略；使用诡计。

w 拼音"我"。

联想：**我使用策略**的时候，有人说**我使用诡计**。

3. 相似比较法与归纳比较法的相同点和不同点

相同点：二者都是确定单词彼此间的差异和共同点，并对相似的单词进行比较分析，把它们的差异点和共同点找出来，然后进行记忆。

不同点：归纳比较法主要体现在多个单词做比较，相似比较法强调的是两个单词做比较。

四、编码法

1. 字母编码原则

将字母进行形象化的编码,然后用字母的形象编码串联起来记单词的方法称为字母编码法。记忆术就是用逻辑或非逻辑思维将记忆信息创造成联结形象记忆的艺术,我们在记忆英语单词时需要将拆分的信息进行联结。

举例说明:

① zoo [zu:] *n.* 动物园。

zoo(200)

联想:有 200 种动物就可以建立**动物园**了。

② assess [e'ses] *v.* 评估。

a(啊)+ss(两条蛇)+e(咦)+ss(两条蛇)

联想:啊,**两条蛇**;咦,有**两条蛇**,**评估**哪边的蛇毒性更大?

③ boom [bu:m] *n.* 繁荣。

boo（600）+m（麦当劳）

联想：一条街有 **600** 家**麦当劳**，真**繁荣**！

boom 联想图

注：将单词拆解后的形象编码进行联想时，要注意按照原有字母顺序联想，不能颠倒字母顺序。

26 个英语字母的形象编码如下表，在记忆单词之前，先记住每个字母的形象编码，再去记忆单词就简单多啦，不信你试一试！

26 个英语字母的形象编码

Aa 苹果	Bb 笔	Cc 月亮	Dd 弟弟
Ee 鹅	Ff 斧头	Gg 哥哥	Hh 椅子
Ii 蜡烛	Jj 钩子	Kk 机枪	Ll 棍子

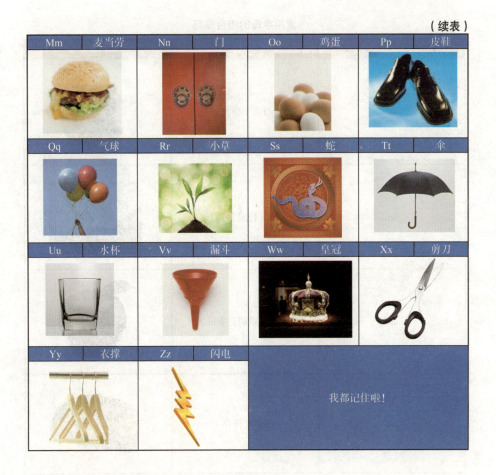

2. 字母组合编码法

我们遇到的单词，往往是字母与字母组合而成。上文的内容让我们熟悉了字母编码的形象化和联想，下面让我们熟悉一下字母组合的形象化联想。将两个或多个字母根据拼音化、谐音化或形象化处理后，编码为某一熟悉事物，在记忆单词时再联想串联记忆的方法，称为字母组合编码法。

一般字母组合形象化联想的编码形式以拼音为主，外形、谐音的联想为辅。

常用字母的组合编码

字母组合	联想	形象
st	石头（拼音）	
xo	酒（特定含义）	
ap	苹果（单词首字母）	
mb	面包（拼音）	
eve	脸（外形）	
gr	工人（拼音）	

对于字母组合，我们如果能够训练出快速形象化的能力，那么记忆单词时会轻松很多。

举例说明：

① bamboo [ˌbæm'buː] n. 竹子。

bam（爸妈）+ boo（600）

联想：**爸妈**搬 **600** 根**竹子**，"**搬不**"（谐音）动。

bamboo 联想图

② soccer ['sɒkə(r)] n. 足球。

so（所以）+cc（常常）+er（儿）

联想：英国人爱踢**足球**，**所以常常**和**儿**子一起踢球。

soccer 联想图

③ dive [daɪv] *v.* 跳水。

　　d（弟）+ive（夏威夷）

　联想：弟弟在夏威夷跳水。

dive 联想图

④ mall [mɔ:l] *n.* 购物中心。

　　ma（妈）+ll（11）

　联想：妈妈十一去购物中心购物。

mall 联想图

五、字源法

每一个字母都对应某种形象,其构成意义或外形组成一种特定意义的单词,由于此方法起源于古代象形文字,故称为字源法。

例如:

eye [aɪ] *n.* 眼睛。

e 眼珠;y 鼻子

联想:两只**眼珠**生在**鼻子**两边就是**眼睛**。

eye 联想图

这个方法非常简单,你也来试一试。

单词及其简图对照表

单词	拆分	形象简图
bed 床	"b___d" 床架 e 床垫	
out 外出	o 太阳 u 山谷 t 升起	
weep 眼泪	w 水 ee 眼睛 p 滴	

但是,英语单词中的字源并不多,这种方法只是让大家对形象化单词记忆思维有一个初步的认识,并且在记忆单词时尝试用联想、图像记忆方式,所以字源法在记忆单词过程中可能应用得并不多。

六、熟词法

英语中有很多单词是由两个或者两个以上的单词组合而成的。熟词法就是为了满足快速记忆单词的需要，将新单词分解成两个或两个以上熟悉的部分，再根据以熟记新的记忆原理，借助联想技巧来记忆单词的一种方法。

1. 熟词 + 熟词

① football ['fʊtbɔ:l] *n.* 足球。
　foot（脚）+ball（球）

② greenhouse ['gri:nhaʊs] *n.* 温室。
　green（绿色）+house（房子）

③ timetable ['taɪmteɪbl] *n.* 时间表；时刻表。
　time（时间）+table（表格）

2. 熟词 + 字母

① ado [ə'duː] *n.* 啰嗦；费力。

　a（一）+do（做）

　联想：**一件做**起来很**费力**的事。

ado 联想图

② joint [dʒɔɪnt] *n.* 关节；接缝。

　join（参加）+t（七）

　联想：连续**参加七**场比赛，**关节**疼。

joint 联想图

③ meet [miːt] *v.* 相遇；相识。

　me（我）+et（外星人）

　联想：**我**与**外星人**相遇相识。

meet 联想图

④ candy ['kændi] n. 糖果。

can（可以）+dy（都要）

联想：这些**糖果可以都要**了。

candy 联想图

3. 词中找词

① sinister ['sɪnɪstə] adj. 险恶的。

sister（姐姐）+ni（你）

联想：**你**的**姐姐**是**险恶的**。

② punish ['pʌnɪʃ] v. 惩罚。

push（推）+ni（你）

联想：把**你推**到众人中间接受**惩罚**。

③ pioneer [ˌpaɪə'nɪr] n. 先锋；先驱。

pi（辟）+one（一）+er（表示人的后缀）

联想：**先驱**是指开**辟**了**一**个新天地的**人**。

4. 词中造词

① Germany ['dʒɜːrməni] *n.* 德国。

G（哥）+er（儿）+many（很多）

联想：**哥**哥的**儿**子认识**很多德国**人。

② treasure ['treʒə] *n.* 金银财宝；财富。

t（他）+read（阅读，此处添加了字母 d，创造了 read）+sure（当然）

联想："书中自有黄金屋"，**他阅读**很广，**当然**能够获得很多**财富**。

③ family ['fæməli] *n.* 家庭。

fa（爸爸，此处添加字母创造了 father）+ m（妈妈，此处添加字母创造了 mother）+ i（我）+ l（爱，此处添加字母创造了 love）+ y（你们，此处添加字母创造了 you）

联想：**爸爸妈妈我爱你们**，这就是**家**的解释。

七、综合训练

根据自己记忆单词的实际情况，将以上方法综合起来灵活运用，从而实现单词快速记忆的方法，称为综合法。

① chrysanthemum [krɪ'sænθəməm] n. 菊花。

第一步，正确发音读3遍。

第二步，观察分析。

chry（哭+h）；san（三）；the；mum（妈妈）

第三步，选定方法。

　　　　编码法＋拼音法

联想：坐在椅子上哭了三小时的那个妈妈获得菊花。

第四步，还原修正复习记忆。

chrysanthemum 联想图

② yeoman ['jəʊmən] n. 自耕农。

ye（外衣）+o（洞）+man（男人）

联想：外衣有洞的男人是自耕农。

yeoman 联想图

八、英语词组记忆方法

有些词组表达的含义并非两个或多个单词表面含义的组合,而是一种习惯用语或是含义表达,所以当我们学习这类词组时需要特别注意,用恰当的联想来记住其真实含义。

---

① stay up 熬夜。

stay(待着)up(升起)

联想:在教室**待着熬夜**学习,直到太阳**升起**。

注意:区别于 stand up 站起来。

---

② watch out 当心;保持警觉。

watch(看)out(外面)

联想:军营值班的士兵时刻**看着外面**的动静,**保持警觉**。

注意:别将含义理解成"看外面"。

英语里面有很多常用单词短语的形式为"××+a""××+b""××+c"。当我们遇到这些短语时常常会因为误解其表面含义而使用错误,下面以"give"短语为例,给大家分享一下。如果后续记忆"look""take"等短语时可以借鉴使用。

① give away 泄露；分发；赠送。

give（给）away（远离）

联想：给你的东西离开了你，就可以表示消息泄露或是将物品分发出去了。

② give off 释放。

give（给）off（离开）

联想：把本来在内部的东西逐渐放任离开，就可以想到释放。

③ give over 交付。

give（给）over（从一侧到另一侧）

联想：把东西从一个人手里放到另一个人手里，就表示交付。

通过上面的介绍，大家可能掌握了形象记忆单词和词组的基本方法。懂得举一反三地使用方法，在后续的学习中能够不断尝试使用，将使自己对高效记忆英语单词的方法越用越活。

希望大家今后在记忆英语单词和英语词组方面拥有更多信心，更加轻松高效地学习，逐步提升英语成绩！

第四章

文科综合记忆勿忘我

说到文科科目的记忆，大多数人最常用的方法就是死记硬背。事实上，死记硬背不但耗时长，而且见效慢。当然，除了死记硬背，你还可以用前面提到的分丝析缕法，但是仅仅靠这两种方法来应对信息繁多的文科知识显然是不够的，我们必须根据不同的情况选择不同的方法。

第一节
政治记忆专题

很多学生都对政治课比较头疼，因为政治课的内容相对比较枯燥、抽象，而且有大量的材料，记忆起来特别困难。怎么办呢？下面给大家举一些例子，看看如何用记忆法巧记政治知识。

一、用场景法、标题定桩法、图片定位法记忆"货币的五种职能"

考虑到读者每个年龄层次都有，所以我特意选了一道初中的政治题，如果你是小学生也不用担心，同样可以挑战一下，看看自己是否能提前记住初中的知识。而且题目本身的内容并不是重点,重点是大家通过这道题学会记忆的思路和方法。

> **货币的五种职能是什么?**
> ①价值尺度。
> ②流通手段。
> ③支付手段。
> ④储藏手段。
> ⑤世界货币。

这是道政治问答题,借此我们要和大家分享一下问答题的记忆方法。根据上文所述,拿到一道题不是盲目地开始背诵,而应该先分析。货币既然是我们每天要接触的,那为什么不考虑借助生活经验来帮助我们记忆呢?我们学习是为了更好地生活,反过来,生活也会促进我们的学习。因此,我们要设想一个购物的场景来帮助记忆。

比如春节期间大家拿到压岁钱了,兴冲冲地来到商店,准备购买自己心仪的商品。当我们把钱从口袋里掏出来的时候,一般都会下意识地看一眼掏出的这张钱币的面值是多少,以免把100元的当成10元的用了。纸币上面那个数字代表的就是价值尺度,上面写的100元,代表可以购买价值100元的商品。接下来老板把商品给你,你把钱递给老板,这实现了货币的两种职能:一是支付手段,因为用钱支付了你要的商品;二是流通手段,因为钱从你的手里流到了老板手里。老板拿到钱以后,舍不得花,要存在银行里,这就实现了货币的另一种职能,也就是储藏手段。存在中国银行

第四章 文科综合记忆勿忘我

我们还要给大家介绍第三种方法——图片定位法。就是用与题目相关的一张图片来进行信息的储存定位,与记忆宫殿的原理相似。

比如这道题既然是关于货币的,就可以用一张百元大钞来帮助我们记忆。我们可以准备一张100元的纸币,选取纸币的背面帮助记忆。我们首先要在背面选择五个位置:第一个位置是最左边的像水管一样的弧形状图形,第二个位置是五根柱子,第三个位置是100的数字,第四个位置是人民大会堂,第五个位置是右上角多种语言的地方。找完定桩的位置以后,接下来的原理就和标题定桩法是一样的了。比如第一个位置因为像一根管子,所以可以和"流通手段"联系起来;第二个位置可以想象成买下这五根柱子,需要用货币支付,所以是"支付手段";第三个位置,100自然就和"价值尺度"联系起来了;第四个位置是人民大会堂,可以想象在里面储藏物品,所以是储藏手段;第五个位置因为有各种语言,所以联想到"世界货币"。

货币的五种职能定位图

图片定位法也是一种非常直观有效的方法。而记忆大师们要记忆大量信息时往往也会采用和这种方法相类似的记忆宫殿法。

综上所述,记忆问答题时常用的主要有三种方法:场景法、标题定桩法、图片定位法。这三种方法都很实用,是否有效关键就看自己用得是否熟练。通过上述分享,我们想告诉大家的是:没有处理不了的记忆信息,关键是你是否想到了合适的记忆方法。借用一句广告语表达就是——没有做不到,只有想不到。希望通过我们的分享能让大家对于知识记忆多一些信心,同时也给大家带来一些思维上的启发,希望对你有所帮助!

二、用人物定桩法记忆"八荣八耻"

政治课里有一些内容相对比较抽象,上下文的联系性较低。用常规方法记忆这样的内容难度较大,特别是内容比较长时,想一字不落地记住,要耗费很多时间。其实,适当地运用一些记忆方法,可以让我们节省不少时间。下面以"八荣八耻"为例,说明一下抽象信息的记忆方式。

> **"八荣八耻"**
>
> 以**热爱祖国**为荣,以**危害祖国**为耻;
> 以**服务人民**为荣,以**背离人民**为耻;
> 以**崇尚科学**为荣,以**愚昧无知**为耻;
> 以**辛勤劳动**为荣,以**好逸恶劳**为耻;
> 以**团结互助**为荣,以**损人利己**为耻;

第四章 文科综合记忆勿忘我

> 以**诚实守信**为荣，以**见利忘义**为耻；
>
> 以**遵纪守法**为荣，以**违法乱纪**为耻；
>
> 以**艰苦奋斗**为荣，以**骄奢淫逸**为耻。

"八荣八耻"全部内容共112个字，记忆时不但每条的内容不能错，而且先后顺序也不能乱，很多人因此而感到压力很大。

其实，我们仔细观察一下就可以发现，"八荣"与"八耻"内容是相对应的，记住"八荣"就很容易推算记住"八耻"，而且"以……为荣""以……为耻"是固定搭配的，不需要人们特别记忆，因此只用记住中间的4字词语即可。而"八荣"的内容都特性鲜明，可以运用人物定桩法来记忆。

第一步，选出八个熟悉有序又个性鲜明的人物并记住。

爷爷、奶奶、爸爸、妈妈、哥哥、姐姐、七仙女、猪八戒。

第二步，八个人物依次与"八荣"的关键词语进行联结。

"八荣"对照联想表

序号	人物	八荣	联想
1	爷爷	热爱祖国	爷爷是红军，很**热爱祖国**
2	奶奶	服务人民	奶奶经常在社区做义工，**服务人民**
3	爸爸	崇尚科学	爸爸是科学家，**崇尚科学**
4	妈妈	辛勤劳动	妈妈做饭、洗衣服、做家务，很**辛勤地劳动**
5	哥哥	团结互助	哥哥和我们很**团结**，经常帮**助**我们
6	姐姐	诚实守信	姐姐非常**诚实守信**，将捡到的钱交给了老师
7	七仙女	遵纪守法	七仙女没有**遵纪守法**，私下凡间
8	猪八戒	艰苦奋斗	猪八戒**艰苦奋斗**去西天取经，为了娶嫦娥

第三步，记住"八荣"的内容后，再核对原文对比记住"八耻"。

热爱祖国——危害祖国；服务人民——背离人民；

崇尚科学——愚昧无知；辛勤劳动——好逸恶劳；

团结互助——损人利己；诚实守信——见利忘义；

遵纪守法——违法乱纪；艰苦奋斗——骄奢淫逸。

这样的话，只需要记住"八耻"的关键词，就可以顺利地记住整个内容。

三、用歌诀法记忆"东盟十国"

在学习政治的时候，有一类信息，我们只需要记住若干个名字即可，而不需要过度展开，比如"东盟十国"。

> 老挝、马来西亚、新加坡、菲律宾、越南、泰国、柬埔寨、印度尼西亚、文莱、缅甸

由于这几个国家的名字相对较熟悉，我们只需要回忆线索即可。可以用歌诀法来记忆，但是注意不要将印度尼西亚误记成印度。

歌诀： 老马新飞跃，前面印泰文。

对比： 老马新菲越，柬缅印泰文。

四、用简图法、故事联想法记忆简短内容

政治考试时，会有些简答的题目，这些题目不是很长，但要想准确记

忆具体内容，也需要下一些功夫。这就需要借助方法。

> **经济发展的原因：**
>
> 第一，**国家**统一、社会安定、政治清明、政局稳定。
>
> 第二，**统治阶级**注意调整统治政策，鼓励发展生产。
>
> 第三，大规模**农民**战争的推动。
>
> 第四，中原人民的迁移，使先进的**生产技术和工具**传播，使所到之处经济发展。
>
> 第五，各地区各民族经济文化**交流**和中外交流。
>
> 第六，**科学技**术的发展。
>
> 第七，广大人民的**辛勤劳动**，促进了生产的发展。

浏览上述经济发展的七条原因，会发现每条都是一个侧重点和代表，例如前三条是范围由大到小，后面几条涉及技术及软实力方面。在记忆时，我们可以挑选关键词来记住七条的核心，再扩充记忆具体内容。

要想记住这些内容，我们可以采用简图法和故事联想法。

第一步，挑选出七句话的关键词：

国家、统治阶级、农民、生产技术和工具、交流、科技、辛勤劳动。

第二步，根据关键词绘制简图，并利用故事联想法串联：**国家**的**统治阶级**与**农民交流**后，提倡发展**科技**，更新**生产技术和工具**，使农民的**辛勤劳动**更有效率，所以经济发展了。

第三步，关键词扩充记忆原文。

国家——国统、社安、政清、局稳；

统治阶级——调整政策、鼓励生产；

农民——战争推动；

技术工具——中原人迁徙传播；

交流——各族、中外；

科技——发展；

辛勤劳动——促进。

经济发展原因分析图

五、用数字定桩法记忆辩证法

①联系的普遍性：事物的联系是普遍的、客观的，把握因果联系的重要性，事物之间联系的多样性和复杂性，整体和部分的辩证关系。

②运动和发展：运动是物质的根本属性，运动和发展的普遍性，正确理解发展的实质要以发展的观点看问题，要有创新精神，与时俱进，学会创造性思维。

③规律：规律的普遍性和客观性，认识和利用规律，坚持实事求是，按客观规律办事。

④坚持矛盾分析的方法：坚持两分法，防止片面性，承认矛盾的普遍性与客观性，是正确对待矛盾的前提。

⑤矛盾的普遍性与特殊性：主要矛盾和次要矛盾、矛盾的主要方面和次要方面、具体问题具体分析。

⑥内因和外因：坚持内因和外因相结合的观点。

⑦量变和质变：量变、质变及二者之间的关系，用量变引起质变的道理看问题，办事情坚持适度原则。

⑧事物发展的趋势：事物发展的总趋势是前进的，新事物必定战胜旧事物，事物发展是前进性与曲折性的统一。

⑨辩证法和形而上学的对立：唯物辩证法的根本观点是承认矛盾，主张用联系的、发展的观点看问题。

上面的信息共有九条，而且每条都是相对枯燥的句子，如果仅用故事联想法、简图法或歌诀法很难处理，运用定桩法来记忆则会好很多。定桩法中可以选取数字定桩法或地点定桩法，由于数字定桩法较为简单，本题可以运用数字定桩法来记忆。（数字编码参考本书附录中的编码表）

第一步，浏览记忆素材，找到核心点，再运用联想方式将核心点与编号对应的编码进行联结,联结后多巩固一下,区分其真实含义与联想的字面含义。

辩证法的记忆方法

编号	编码	联想
01	小树	不同树种的存在是普遍的、客观的,树上结果是因果关系,不同的果子长得不一样是多样性和复杂性,树与果子的关系也是整体与局部的关系
02	铃儿	可以想到百米赛跑时,铃儿一响就可以开始跑,在跑的过程中需要有创新精神,与时俱进,用创造性的思维思考如何能够跑得更快
03	三脚凳	三条腿的板凳具有稳定性,我们要认识和利用这条规律,坚持实事求是,按照客观规律去生产板凳
04	轿车	小轿车的速度和安全是矛盾的,我们要坚持两分法,防止片面性,既不要因为担心安全而把速度设置得过慢,也不要因为速度太快而影响了安全,承认矛盾的普遍性和客观性是正确对待矛盾的前提
05	手套	矛盾分为主要矛盾和次要矛盾,矛盾的主要方面和次要方面,就好比手套分为大拇指和小拇指,主次有序
06	手枪	一把手枪坏了,内因和外因都要结合考虑
07	锄头	给庄稼用锄头锄草并施肥,短时间内看不出来太大区别,坚持的时间长了,量变就会引起质变,庄稼就会有明显不同,所以我们办事要坚持适度的原则
08	溜冰鞋	穿着溜冰鞋前进,前进的过程有时候是曲折的,所以事物的发展是前进性与曲折性的统一
09	猫	到底要不要养猫?我承认我的内心是矛盾的,但是还得用联系的、发展的观点去看待这个问题

第二步,用数字定桩法联想以上信息要点后,核对原文复习记忆。

六、用思维导图法巧记文化的作用

在学习政治时，还需要记忆一些长篇大论的内容。要想记忆这些内容，依靠前面所说的简图法、歌诀法等都做不到。即使记下来，也比较复杂，这时就需要借助思维导图。下面以记忆"文化的作用"为例来进行说明。

文化有何作用？

对个人的作用：

1. 文化影响人。

（1）影响的两个来源：文化环境和文化活动。

（2）影响的两个表现：影响人的交往方式和交往行为，影响人的思维方式、认识活动和实践活动。

（3）影响的两个特点：潜移默化和深远持久。

2. 优秀文化塑造人。

（1）能丰富人的精神世界。

（2）增强人的精神力量。

（3）促进人的全面发展。

对社会经济、政治的作用：

1. 文化与经济、政治相互影响：经济、政治决定文化，文化反作用于经济、政治。

2. 文化与经济、政治相互交融。

（1）文化与经济相互交融。

①在经济发展中，科学技术的作用越来越重要。

②为了推动经济建设，发展教育事业越来越重要。

③图书出版、影视音像等文化产业迅速崛起，文化生产力在现代经济格局中的作用越来越突出。

(2) 文化与政治相互交融。

对国家综合国力的作用：

文化越来越成为综合国力竞争的重要因素：当今世界，各国之间综合国力竞争日趋激烈，文化越来越成为民族凝聚力和创造力的重要源泉。（在综合国力中，经济实力、军事实力等物质力量是基础，但民族精神、民族凝聚力等精神力量也是重要组成部分。）

"文化的作用"这节内容是高考文科综合的考点之一，这部分内容既有名词解释又有知识点网络构架，所以以此内容为案例有代表意义。

对于逻辑次序鲜明、层次结构清晰且篇幅超过400字的内容，我们往往会先运用思维导图法来梳理知识点，之后再运用记忆法来记忆。

第一步，将文本内容绘制成思维导图。

第二步，将记忆信息根据每一类来进行记忆。

第一类："对个人作用"内容记忆。

塑造人：精神世界、精神力量、全面发展。

第二类："对社会经济、政治的作用"内容记忆。

第三类："对国家综合国力的作用"内容记忆。

民族凝聚力、创造力源泉。

第三步，核对原文将知识点还原复习记忆。

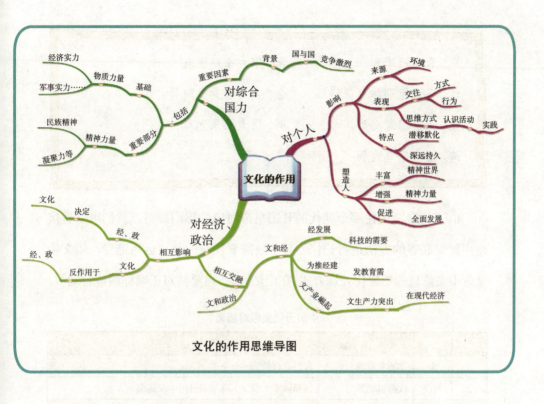

文化的作用思维导图

第二节 历史记忆专题

一、用配对联想法记忆历代开国皇帝

秦：秦始皇嬴政　　　西汉：汉高祖刘邦

东汉：汉光武帝刘秀　　西晋：晋武帝司马炎

东晋：晋元帝司马睿　　隋：隋文帝杨坚

> 唐：唐高祖李渊　　宋：宋太祖赵匡胤
>
> 辽：辽太祖耶律阿保机　　金：金太祖完颜阿骨打
>
> 元：元世祖忽必烈　　明：明太祖朱元璋
>
> 清：清太宗皇太极

由于只需要记住哪个朝代的开国皇帝对应的称谓即可，我们可以直接使用配对联想的方法进行记忆。只不过需要注意的是，运用谐音、望文生义等中文信息的形象化处理方式，在记忆完后，需要核对正确称谓进行复习。

中国历代皇帝对照表

序号	朝代	皇帝	联想
1	秦	秦始皇嬴政	赢得政权的第一位皇帝
2	西汉	汉高祖刘邦	刘邦稀罕（西汉）高端的祖国（汉高祖）人才
3	东汉	汉光武帝刘秀	刘秀懂汉（东汉）语，让汉朝发扬光大
4	西晋	晋武帝司马炎	司马炎喜欢在天气炎热的时候禁武（晋武帝），以防士兵中暑
5	东晋	晋元帝司马睿	司马睿用睿智的方法没有动静（东晋）地进园（晋元帝）了
6	隋	隋文帝杨坚	杨坚勇猛有余，而文不足
7	唐	唐高祖李渊	李渊把自己的祖父尊封为太祖，这属于很有高度的做法
8	宋	宋太祖赵匡胤	送太祖（宋太祖），找矿银（赵匡胤）
9	辽	辽太祖耶律阿保机	太祖一般是开国皇帝的称号，耶律家族啊，想要保住自己的根基（耶律阿保机）
10	金	金太祖完颜阿骨打	完全研（颜）究出来了把对手打骨折（骨打）的方法，成为了金朝的开国皇帝
11	元	元世祖忽必烈	世祖也是开国皇帝的称号，忽必烈打仗的时候是忽然到来，必然猛烈
12	明	明太祖朱元璋	——
13	清	清太宗皇太极	太宗一般是开国的第二位皇帝的称号，太极讲究阴阳两（二）仪

的钱，最终可以兑换成不同国家的货币，在世界范围内交易流通，所以实现了货币的最后一种职能，即世界货币。

这就是我要给大家介绍的第一种方法——场景法。即将你要记忆的内容通过构建一个场景来辅助记忆，因为我们人类的大脑记忆场景的能力要比记忆文字强很多，这是天赋的一种能力，也是大家为什么看电影会比看书更容易记住其内容的原因。构建场景既可以运用逻辑思维，也可以运用非逻辑思维，比如有些同学可能就会用自己的想象力把场景变成一个有趣的故事。其实大家练习多了以后会发现，往往一个场景里面既有逻辑思维，又有非逻辑思维，所以大家不必局限于哪一种思维，只要能更好地记住知识点就可以了。

接下来给大家介绍第二种方法，我们称之为标题定桩法。就是借助标题里面的关键字，每一个关键字分别和一条信息建立起一个关联。比如这道题因为有五条信息要记，所以我们可以从题目里提取五个关键字来帮助我们记忆，比如"货币五职能"，总共五个字。选完关键字以后，我们要分析一下哪个关键字对应哪一条会更方便联结一些。比如我们更倾向于把第二个关键字"币"和"世界货币"联系起来，因为由一个"币"字我们很容易想起"世界货币"这个职能。接下来我们会把第四个关键字"职"和"价值尺度"联系起来，因为价值的"值"和"职能"的"职"同音。再者，我可以把"五"和"储藏手段"联系起来，可以想象在银行储藏了500元。而第一个关键字"货"，我们会把它和"支付手段"联系起来——货物需要用货币支付，因此由"货"很容易想到"支付手段"。最后一个关键字"能"，就和"流通手段"联系了——货币能流通，因此由"能"也就记住了"流通手段"。

当运用配对联想方式将朝代对应的皇帝姓名和庙号记忆下来后，再还原原文复习记忆，在巩固熟练的同时将正确字词核对清楚。

 二、记忆古代早期政治制度的特点

①浓厚的迷信和专制色彩，神权与王权的结合。
②牢固的血缘关系，严格的等级制度。
③最高执政集团尚未实现权力的高度集中。
④具有相对的延续性和稳定性。

通读上述句子你会发现，其实每句话都有一两个关键词，可以通过关键词记住它们，然后还原原文复习记忆即可。

第一步，主体串联：因为牢固的血缘关系，严格的等级制度，所以使得政治制度具有延续性和稳定性，但即便是神权和王权的结合，最高执政集团却仍未实现权力的高度集中（藩王权利很大）。

第二步，各项还原记忆。

关键词还原对照表

关键词	句子	复习记忆打"√"
神权和王权的结合	浓厚的迷信和专制色彩，神权与王权的结合	
血缘关系、等级制度	牢固的血缘关系，严格的等级制度	
最高执政集团	最高执政集团尚未实现权力的高度集中	
延续性和稳定性	具有相对的延续性和稳定性	

第三步，可以在表中的第三栏里面根据复习记忆情况打上"√"。

三、用故事联想法记忆"春秋五霸"

> 齐桓公、宋襄公、晋文公、秦穆公、楚庄王。

五个人名都有点拗口,我们可以用谐音或望文生义法将其转化为简单易懂的词语,并串联成句子或是小故事记忆下来,要注意记忆完毕后核对原文字句复习一下。

第一步,将各名字形象化处理。

齐桓——奇幻;宋襄——送箱;

晋文——经文;秦穆——秦母。

楚庄比较简单,不用转化。

第二步,用故事联想法记忆。

秦母送箱经文到了奇幻的楚庄。

第三步,对照原文还原修正记忆。

四、用歌诀法记忆"八国联军"

> 俄国、德国、法国、美国、日本、奥匈帝国、意大利、英国。

由于大家比较熟悉这几个国名,不用特别记忆,所以这里不用故事联想法而是采用歌诀法来记忆。注意奥匈帝国不要记错哦。

歌诀:饿的话,每日熬一鹰。

对比：俄德法、美日奥意英。

八国联军国名联想图

五、条约的记忆方法

在学习历史的时候，我们常常遇到各种条约。很多人看到这些条约就比较头疼，因为需要记忆的信息多且内容大同小异，稍不留神就会记混。

其实，要想准确记忆各种条约，可以运用定桩法、简图法等多种方法。还记得在介绍标题定桩法时举的《辛丑条约》的例子吗？为了让大家对中文信息记忆法多些了解，在此我们更换为其他记忆法，比如我们采用歌诀法来记忆。

《马关条约》：

①把**辽东半岛、台湾岛及其附属岛屿、澎湖列岛**割让给日本。

②**开放**沙市、重庆、苏州、杭州为**通商口岸**。

③允许日本在通商口岸开**办工厂**。

④**赔**偿日本军费**白银二亿两**。

本条约的内容和《辛丑条约》的内容较为相似。一般来说,关键词较为集中且量少的时候,可以用多种方法记忆;关键词较多的时候,建议用简图法或是定桩法来记忆主体,然后扩充记忆原文时可以使用故事或歌诀联想。这里就用定桩法和歌诀法。

第一步,根据文题选取合适的桩,本题由《马关条约》可以联想到马及其环境:

马、墙、锁链、草料。

第二步,提取每款条约的关键词:

割三岛、开放通商口岸、办工厂、赔二亿两白银。

第三步,关键词信息与桩配对联想记忆。

《马关条约》定位图

第四章　文科综合记忆勿忘我

关键词对照表

序号	桩	关键词	联想
1	马	割三岛	在马的身上割三刀（岛）
2	墙	开放通商口岸	推倒墙，放开口岸做贸易
3	锁链	办工厂	工厂生产了很多锁链
4	草料	赔二亿两白银	这些草料变质了，得赔二亿两白银吗？

第四步，记住核心点后再还原原文，扩充记忆整体内容。

割三岛——辽东半岛、台湾岛、澎湖列岛。

开放通商口岸——杀虫苏杭（沙、重、苏、杭）。

办工厂——日本在中国口岸开办。

赔二亿两白银——日本军费。

六、记忆历史年代和事件

在历史方面，关于历史年代和事件的记忆非常重要，因为历史就是在时间的长河中记录下重要的人和事。在记忆历史年代时可以用数字编码联想记忆，关于事件则可以挑取关键词再用故事联想法或是简图法记忆。下面我们通过简单案例介绍一下如何记忆重要历史事件。

1. 郑成功 1662 年收复台湾

本历史事件的核心是"1662 年"，可以谐音与编码结合想成"一流牛儿"，而"郑成功收复台湾"这个信息对于中学生来讲较为熟悉，所以无须转化记忆。

郑成功收复台湾记忆图

联想：郑成功用一流牛儿冲锋打败敌人，收复台湾。

2. 印度民族大起义开始于 1857 年

本历史事件的核心也是两个：一是年代，二是具体内容。"1857"可以谐音联想到"一把武器"，然后与后面事件联想在一起会很简单有趣。

印度起义记忆图

联想：印度各族人民每人拿一把武器去起义。

第三节
地理记忆专题

一、巧记中国省份

4个直辖市：北京市（京）、天津市（津）、上海市（沪）、重庆市（渝）。

这四个城市常见且易掌握，可直接串联。

联想：晶晶护鱼（京津沪渝）。

23个省及5个自治区：黑龙江省（黑）、吉林省（吉）、辽宁省（辽）、云南省（云）、贵州省（贵）、四川省（川）、江西省（赣）、江苏省（苏）、湖南省（湘）、湖北省（鄂）、河北省（冀）、河南省（豫）、山西省（晋）、山东省（鲁）、广西壮族自治区（桂）、广东省（粤）、宁夏回族自治区（宁）、青海省（青）、陕西省（陕）、新疆维吾尔自治区（新）、甘肃省（甘）、西藏自治区（藏）、海南省（琼）、台湾省（台）、浙江省（浙）、内蒙古自治区（蒙）、安徽省（皖）、福建省（闽）。

2个特别行政区：香港、澳门。

要想记住这些省（区）及其简称，先用歌诀法记忆省（区）名称，再将代号与名称进行配对联想，以部分省（区）为例。

部分省（区）简称记忆表

序号	省（区）	简称	联想
歌诀	江湖河山广：江（江西、江苏）湖（湖南、湖北）河（河南、河北）山（山东、山西）广（广西）		
1	江西省	赣	江西有条赣江
2	江苏省	苏	叔叔（苏）姓江
3	湖南省	湘	湖南卫视主持人李湘
4	湖北省	鄂	鄂原来是一个国家的名字，湖北省的省会是武汉，武汉被称为江城，在长江边上，可以想象长江里有鳄（鄂）鱼
5	河南省	豫	犹豫要不要到河南边去
6	河北省	冀	在河北交际（冀）需要喝杯（河北）酒
7	山西省	晋	你已日薄西山（山西），无法晋升了
8	山东省	鲁	山洞（山东）里住着鲁迅
9	广西壮族自治区	桂	广西撞（壮）柜（桂）子

二、巧记世界各国及首都

对于一般人来说，记忆国家首都最难的是感觉国家和首都就像两个毫不相关的事物，需要靠大脑反复强化硬记才能把它们关联在一起，但是信息量一多，就很容易张冠李戴了。解决这个问题的最佳方式，就是在国家和首都之间建立一条锁链，将其两两绑好，这样量再多都不会造成配对紊乱的情况。

这条锁链究竟是什么呢？其实这条锁链，每个人都有，它就藏在自己的大脑里，只不过很多人没有意识到罢了，这条锁链就是"联想"。联想

第四章 文科综合记忆勿忘我

的力量非常强大，而能够把万物联系在一起的似乎只有人类的想象了。联想集团的广告语是"没有联想，世界将会怎样？"确实，联想是人脑非常重要的一种能力，大部分人低估了它的重要性。好在"亡羊补牢，为时未晚"，现在就让我们展开想象把各个国家的首都收录在自己的大脑库里吧。

以保加利亚为例。这是一个不起眼的小国家，一般人也不知道它的首都，想记住它们，要先对"保加利亚"的名字展开联想。外文名翻译成中文的时候往往是利用谐音，所以我们对名字展开联想的时候也可以用谐音的方式。比如"加利"，我很容易就想到"家里"，"保加利亚"就想到了"保家里呀"，意思就是"保护家里呀"。其首都"索非亚"，既然前面提到了"家"，这里又有"索"，很容易想到家里的"锁"，这么一来就能够把"索非亚"想成"锁飞呀"。两边都处理完毕后，就差最后"临门一脚"把二者关联起来，可以想成"要保护家里，锁可不能飞了呀"，这么一来是不是就把"保加利亚"和"索非亚"牢牢地绑在一起了呢？

世界部分国家及首都配对联想记忆表

序号	国家	首都	联想	标记
1	越南	河内	在**河内**遇到一**男**（越南）的	
2	斯里兰卡	科伦坡	**市里**有辆**烂卡**车(斯里兰卡)本来勉强能开，**可**是现在**轮**胎也**破**了（科伦坡）	
3	缅甸	内比都	**面**点**内必**有**毒**（内比都）	
4	孟加拉国	达卡	**孟**子**家拉**个**打卡**机	
5	柬埔寨	金边	**俭朴寨**的屋顶竟然是**金边**的	
6	尼泊尔	加德满都	**泥**里停**泊**（尼泊尔）**的**车都**加**满了油（加德满都）	
7	老挝	万象	一**万**头大**象**回了**老窝**	
8	马达加斯加	塔那那利佛	让**马达加**速（马达加斯加）到**塔那**，**那**里有尊**厉害**的**佛**（塔那那利佛）	

· 149 ·

（续表）

序号	国家	首都	联想	标记
9	罗马尼亚	布加勒斯特	罗马的泥呀（罗马尼亚），不能加热，是特别的（布加勒斯特）	
10	瑞士	伯尔尼	瑞士手表送给伯伯儿子和你（伯尔尼）	
11	拉脱维亚	里加	拖拉（拉拖）着煤呀（维亚）去你家（里加）	
12	挪威	奥斯陆	在挪威森林饿死喽（奥斯陆）	
13	古巴	哈瓦那	哈，玩（瓦）那个古巴雪茄呢	
14	尼加拉瓜	马那瓜	你家（尼加）拉来的瓜是马场那的瓜	

你可以根据案例的内容记忆一部分，其他的采取配对联想法记忆，尝试自己去联想。记了这么多国家的首都，你可能发现了这里面的核心步骤是对"国家"和"首都"进行处理，把原本无意义的国名转换成生动鲜活的场景，这样就容易记住了。

三、巧记地理名词组

在地理课上，我们经常要记忆一组名词，比如"金砖四国""八大行星"等。这些信息要是分开来，大家可能都知道，但是放在一起记忆，总会有丢三落四、张冠李戴的现象。怎样把这些信息一次性记住呢？下面介绍一些方法，供大家参考。

1. 五大经济特区

珠海、汕头、厦门、深圳、海南。

大家对这五大经济特区的名称比较熟悉,而且数量比较少,直接字头串联记忆即可。注意不要记错汕头的名字。

第一步,歌诀编译。

歌诀: 上珠山下深海。

对比: 珠汕厦深海南。

第二步,形象联想记忆。

第三步,核对信息复习记忆。

五大经济特区记忆联想图

2. 十四个沿海开放城市

> 大连、秦皇岛、天津、烟台、青岛、连云港、南通、上海、宁波、温州、福州、广州、北海、湛江。

大家对这些城市的名称也比较熟悉，直接字头串联记忆即可，但因为数量比较多，记完后要核对词语进行复习巩固。

歌诀： 赞大晴天，青烟连通北上广、温福宁。

对比： 湛大秦天，青烟连通北上广、温宁福。

四、用故事联想法记忆"七大洲""四大洋"

1."七大洲"

> "七大洲"包括：欧洲、非洲、亚洲、大洋洲、南美洲、北美洲、南极洲。

"七大洲"名称可以用故事联想法来记忆。

联想： 南北极（南美洲、北美洲、南极洲）的海鸥肥大呀（欧洲、非洲、大洋洲、亚洲）。

2."四大洋"

> "四大洋"包括：太平洋、大西洋、印度洋、北冰洋。

"四大洋"用故事联想法就可以很容易记住。

联想： 抽取中间四个关键字"冰平西度"处理成"冰瓶西渡"（北冰洋、太平洋、大西洋、印度洋）。

五、用故事联想法记忆世界海之最

> ①面积最大的海：珊瑚海有479万多平方千米，其次是阿拉伯海和南海。
> ②面积最小的海：马尔马拉海。
> ③岛屿最多的海：爱琴海。

由于都是解释性的文字，所以只需要提取每项内容的关键点，然后联想记忆即可。再者，因为第一项内容有数字出现，所以需要将数字进行形象化编码再整体联想记忆。

①最大的海：阿拉伯男（阿拉伯海、南海）人看着大大的珊瑚（海）上挂着四个气球（479）惊叹！

②最小的海：小孩（小海）要到马儿（尔）后让马拉他。

③岛屿最多的海：爱琴海对应钢琴，钢琴的琴键对应岛屿。

上文我们介绍了关于文科各科目知识点的记忆法，相信你一定有很多的收获和心得，希望你不要只停留在了解的阶段，而是能够将上面分享的知识内容应用到自己的学习之中，多加练习，为我所用，这样才是真正地吸收了。

第五章

理科综合记忆有妙招

一句"学好数理化,走遍天下都不怕",让多少莘莘学子头悬梁、锥刺股?

"今天很辛苦,明天很美好",这句话被老师和家长无数次传颂。其实,掌握了好的学习方法,理科生们也不用那么辛苦。用最好的工具实现最好的结果就是理科生的追求!

理科的学习更强调学生对知识点的理解,具有逻辑推理判断、举一反三的能力。但是在大家理解力接近的情况下,学习并掌握知识点时,好的记忆方法显得尤为重要。理科记忆与文科记忆有些不同,针对理科的特点,我们一般先用思维导图法来分析教材或学习内容,然后运用记忆法来掌握思维导图绘制的知识点。另外,针对具体概念或知识点可以运用简图法、故事联想法等来记忆。

后文我们会从物理和生物两个板块介绍学习内容的记忆方法。

第一节
物理记忆专题

在物理知识点的记忆中,通常我们针对简短知识点会采用歌诀法、故事联想法,当知识点稍微增多时会采用简图法,当知识点达到一定量或是梳理章节,甚至复习整本书时,我们则采用思维导图归纳知识重点,再结合记忆法来记忆。除了上面提到的几种方法,我们有时候也会根据信息的具体属性采取列表或对比记忆等方法。

我们会给大家举一些物理知识案例,将上面介绍的各种方法融会贯通,而不限定于使用哪种方法。因为这些方法就像是大家建造的兵器库,遇到怎样的内容该选取什么兵器,完全取决于大家对方法的了解以及应用的熟练程度。

一、用简图法记忆物理实验

在物理方面,除了学习理论外,还要做实验。对于这些实验,我们既要记住实验步骤,也要记住实验结果。

凸透镜成像规律:

①当 $u>2f$ 时,成倒立、缩小、实像,$f<v<2f$。

②当 $f<u<2f$ 时,成倒立、放大、实像,$v>2f$。

③当 $u<f$ 时，成正立、放大、虚像。

④当 $u=f$ 时，不能够成像。

⑤当 $u=2f$ 时，成倒立、等大、实像，$v=2f$。

注：u——物距，f——焦距，v——像距。

这种实验对比以及数据分析类型的题目，往往直接采用简图法记忆效果会比较好，既可以很清晰地了解原理，又能够更快地记忆。当我们用简图法轻松理解其原理后，为了强化记忆效果可以用歌诀法来记忆实验结果。

第一步，选取实验①作为参考，运用简图理解、记忆实验内容。

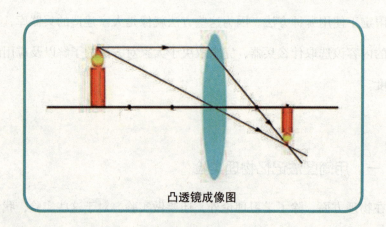

凸透镜成像图

第二步，用歌诀记住凸透镜成像规律。

一焦分虚实，二焦分大小；实像异侧倒，虚像同正大；物近像远大，物远像近小。

二、用思维导图法记忆电路的特点

串联电路的特点:

①串联电路中各处的电流都相等。

②串联电路中总电压等于各部分电路电压之和。

③串联电路的总电阻,等于各串联电阻之和。

④串联分压,分得电压与电阻成正比。

⑤串联电功率,分得电功率与电阻成正比。

并联电路的特点:

①并联电路中,干路中的电流等于各支路的电流之和。

②并联电路中,各支路两端的电压都相等,都等于电源电压。

③并联电路的总电阻的倒数,等于各并联电阻的倒数之和。

④并联分流,分得电流与电阻成反比。

⑤并联电功率,分得电功率与电阻成反比。

由于本道题内容比较丰富,逻辑层次比较分明,可以首先绘制思维导图将知识点进行整理,然后再采用理解和符号表达来记忆。也就是说,先绘制电路的特点的思维导图,并将特定词汇转化为符号,辅助记忆。

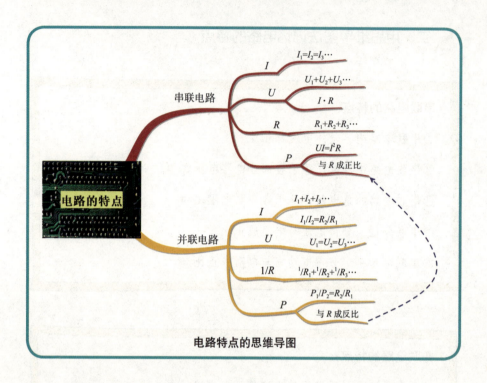

电路特点的思维导图

三、数据性概念记忆

①低于20 Hz的声音叫作次声波,高于20000 Hz的声音叫作超声波。

②交流电压在1000 V以上的叫作高压电,1000 V及以下的叫作低压电。

关于数据性的概念,我们需要将数据转换为形象编码,然后与对应的信息点配对联想即可。

四、用简图法记忆物质的物理变化

①物质从固态变成液态叫作熔化,从液态变成固态叫作凝固。

②物质从液态变成气态叫作汽化,从气态变成液态叫作液化。

③物质从固态直接变成气态叫作升华,从气态直接变成固态叫作凝华。

这道题对于物理基础好的同学来说是很简单的,之所以还要将这道题拿出来做案例,就在于它是很典型的简图法学习案例,不同状态的变化需要什么条件以及结果是什么,在图示中会一目了然。

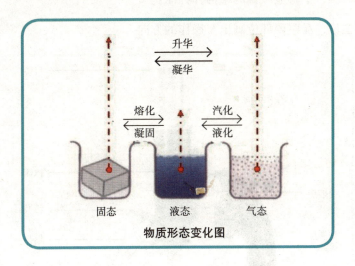

物质形态变化图

通过上述分享,关于物理知识的记忆方法我们也讲述得差不多了。掌握记住公式定理、概念性知识点、数据类信息的方法,并且能熟练使用,对于物理知识点的记忆来说已经足够了。

第二节
生物记忆专题

 一、用简图法记忆显微镜的使用过程

使用显微镜是为了进一步看清被观察的物质，使用步骤是：向内、外略微转动细准焦螺旋，调至看清为止。

操作步骤这方面的知识，可以用简图法来记忆或亲自实践，实践的过程就是记忆的过程。

第一步，了解显微镜的结构并标注。

第二步，在主要部位画出要操作的方向。

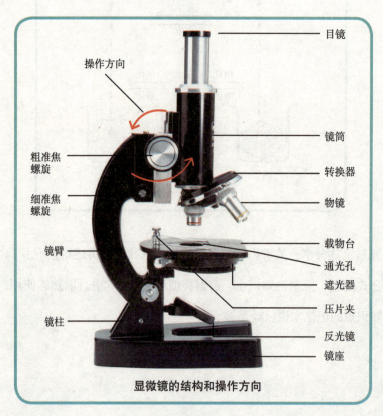

显微镜的结构和操作方向

二、用故事联想法记忆短小知识点

> 被称为"活化石"的物种：
> 扬子鳄、银杉、珙桐。

这种信息量很少的知识点可以直接采用故事联想法记忆。

第一步，提取关键词。

扬子鳄、银杉、珙桐。

第二步，将关键词和主题联想记忆。

扬子鳄爬上银杉树吃珙桐，最后都成了化石。

三、用故事联想法记忆"垃圾食品"的定义

> 经不当加工后，原材料中所含的维生素等营养遭受严重破坏，却又被添加了色素等有害成分的食品叫作"垃圾食品"。

关于一些解释说明的内容，我们可以提取关键词来串联记忆或逻辑理解后进行记忆，可以采用故事联想法。

第一步，提取关键词。

加工—不当，维生素—破坏，色素—添加。

第二步，两两相连记忆。

加工不当就会破坏维生素，又添加色素等有害成分成了垃圾。

第三步，对照原文复习记忆。

四、用故事联想法记忆重大的生物作用

> ①光合作用；②呼吸作用；③消化作用；④吸收作用；⑤调节作用。

这类信息由短语词汇组成，相对很简单，我们就可以在理解后采用故事联想法来记忆。

第一步，提取关键词。

呼吸—吸收—光合—消化—调节。

第二步，故事联想记忆。

一株树苗呼吸，吸收了阳光进行光合作用，然后身体里需要消化吸收以便调节。

第三步，对照原文复习记忆。

五、用配对联想法记忆维生素缺乏会产生的症状

> 缺乏维生素 A：夜盲症。
>
> 缺乏维生素 B 族：浮肿、脚气、多发性神经炎、流产、早产。
>
> 缺乏维生素 B_2（核黄素）：胎儿发育不良，口唇炎、皮肤炎。
>
> 缺乏维生素 B_{12}：恶性贫血。

缺乏维生素 D：佝偻病、软骨病、抵抗力减弱。

缺乏维生素 E：流产、早产。

上面的内容涉及维生素的几个种类及其特性，所以可以采取配对联想记忆法。维生素是用字母表示的，可以采用字母编码。

维生素缺乏症状联想记忆表

维生素	编码	缺乏后的症状	联想
A	帽子	夜盲症	帽子遮住眼睛，夜晚就像盲人一样
B族	板子	浮肿、脚气、多发性神经炎、流产、早产	孕妇因为脚浮肿而发神经，结果挨了板子，导致早产或者流产
B_2	2个baby	胎儿发育不良，口唇炎、皮肤炎	可以想象有两个baby发育不良，一个是口唇炎，一个是皮肤炎
B_{12}	汉堡+日历	恶性贫血	吃了用日历包着的汉堡，出现恶性贫血
D	弟弟	佝偻病、软骨病、抵抗力减弱	佝偻的弟弟全身是软骨，抵抗力减弱了
E	恶	流产、早产	一个恶人让她早产或者流产了

六、用定桩法记忆人类活动对生物圈的影响

①乱砍滥伐，开垦草原，使生态环境遭受严重破坏，水土流失加重，还会引起沙尘暴。

②空气污染会形成酸雨。

③水污染会破坏水域生态系统。

④外来物种入侵会严重危害本地生物。

⑤人类活动也会改善生态环境。

关于少量短语的记忆，我们一般可以运用定桩法、歌诀法或简图法。本道题讲述人影响生物圈的种种情况，可以采用标题定桩法，在主标题中挑选和5条内容对应的5个字作为定位系统，每条信息依次与其进行联想记忆。

第一步，找出主题关键字头。

人影响生物。

第二步，找出每句话里的关键词并和字头联想记忆。

人——砍伐、开垦、流失、引起（人砍伐开垦土地，是个破坏王，害得好多土地流失了，引来好多沙）。

影——污染、酸雨（空气中很多黑影，被污染了掉下酸酸的雨）。

响——破坏、系统（水响起来会破坏整个系统）。

生——入侵、危害（生物入侵会危害）。

物——改善、环境（人物改善环境）。

第三步，对照原文复习记忆。

七、用故事联想法记忆陆地动物适应陆地环境的主要特征

①一般具有防水分散失的结构。

②都有支持躯体的运动器官。

③有能在空气中呼吸的呼吸器官。

④有发达的感觉器官和神经系统。

这类短语信息可提取关键的信息，然后用故事联想法来记忆。

第一步，提取关键词。

防水失、躯体运动、呼吸、感觉和神经。

第二步，联想记忆。

防水失的躯体在陆地可以运动，可以呼吸，感觉神经很发达。

第三步，对照原文复习记忆。

八、用简图法记忆动物的领域行为特点

①领域的大小各不相同。

②领域没有明确的界限，但领域占有者却熟知它的边界。

③动物常用姿态、气味、鸣叫等方式来警告周围的动物，保卫自己的领域。

领域的特性可以直接以简图法呈现，这样区分起来会非常直观，只不

过针对不同特征描述，需要选取参照动物。

第一步，挑取关键字词，并赋予特定简图含义。

①大小不同——猩猩、松鼠，②无界限，③姿态、气味、鸣叫。

动物的领域行为特点记忆图

第二步，根据简图含义，核对原文复习记忆。

九、用歌诀法记忆常见的植物激素

生长素、赤霉素、细胞分裂素、脱落酸、乙烯。其中赤霉素能促进水稻患恶苗疾，乙烯能促进果实成熟，脱落酸能促进叶和果实的衰老和脱落。

每种激素都对应着其特性，所以适合运用配对联想来记忆各个激素，所有激素的名称可以采取歌诀法来串联记忆。

第一步，歌诀记忆各个激素：生吃梨，脱衣（生、赤、裂、脱、乙）。

第二步，配对联想记忆激素及其特性。

激素及其特性联想记忆表

激素	特性	联想
生长素	促进生长	——
赤霉素	促进水稻患恶苗疾	吃没（赤霉）了恶苗
细胞分裂素	促进细胞分裂	——
脱落酸	促进叶和果实的衰老和脱落	叶和果实衰老脱落了，脱落的是酸水果
乙烯	促进果实成熟	说一席（乙烯）话，果实就成熟了

第三步，根据表格内容，核对原文复习记忆。

十、用简图法记忆哺乳动物的主要特征

①体表有毛。　②牙齿有门齿、犬齿、白齿的分化。

③体腔内有膈。　④用肺呼吸。

⑤心脏有四腔。　⑥体温恒定。

⑦大脑发达。　⑧多为胎生、哺乳。

由于本段文字内容是讲述哺乳动物的特征，可以选取一个哺乳动物作为参照物，然后将每个特征依次在参照物上体现，会使理解和记忆变得更加轻松简单。

第一步，将8个特征所对应的词汇进行形象化。

第二步，与主体动物挂钩绘制简图联想记忆。

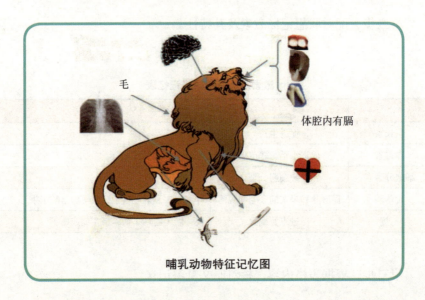

哺乳动物特征记忆图

通过前面题目的记忆法讲解，我想大家关于生物知识点的掌握有了较多的了解。

在学习生物学方面，我们的建议是，首先要将老师在课堂上讲解的所有知识点完全理解，课后完成所有课堂以及练习册的作业，再配合辅导资料攻克难点。在这个过程中，我们需要用记忆法掌握很多知识点——理科中记忆需求量最大的就是生物这门课了。物理和化学更加强调的是理解和逻辑推理分析，虽然有很多公式、定理之类的需要去掌握，但是没有像生物学那样有非常多的知识点和信息要求"死记硬背"。

生物学知识其实最重要的有三个方面：细胞、遗传基因和生态。在复习备考或是学习过程中，可以将重点知识绘制成思维导图，这样会让我们对高考生物知识有个宏观、重点的把握，明确掌握方向，然后针对具体知识点，该记忆的运用记忆法，该理解分析的就加强理解分析。如果我们能够做到将生物知识点任意抽取，对于哪些是重点、哪些是次重点都了然于胸，那么我们就能很好地掌握生物学知识。

附录

附录 1
数字编码表

在日常的学习中，无论哪个学科，都需要记忆大量的数字信息。如果你的联想力很好，可以随意针对少量数字编码记忆，那么你就会得心应手；但是当你不能快速联想编码时，掌握一套记忆大师使用的固定编码系统会对你非常有帮助。在本书中，我们已经使用了部分编码，无论是我们自己设计的编码，还是记忆大师们使用的编码，一般都会运用谐音、特定含义和外形转化等方式。注意，一般来说，1~9 和 01~09 的编码略有不同，请你注意区分，并选择自己习惯使用的编码。

双数编码表

第一组：

数字	编码	编码方式	数字	编码	编码方式
01	小树	0 像树叶，1 像树干	11	筷子	11 像筷子
02	铃儿	谐音	12	椅儿、日历	谐音、一年 12 月
03	三脚凳	3 条腿的凳子	13	医生	谐音
04	轿车	4 个轮子的轿车	14	钥匙	谐音
05	手套	5 个手指	15	鹦鹉	谐音
06	手枪	6 发子弹的左轮手枪	16	石榴	谐音
07	锄头	7 像锄头	17	仪器	谐音
08	溜冰鞋	8 个轮子的溜冰鞋	18	腰包	谐音
09	猫	有"九命猫"之说	19	衣钩	谐音
10	棒球	1 像球棒，0 像球	20	香烟	一包烟 20 支

附录

第二组：

数字	编码	编码方式	数字	编码	编码方式
21	鳄鱼、阿姨	谐音	31	鲨鱼	谐音
22	双胞胎	两个"2"长相一样	32	扇儿	谐音
23	和尚、乔丹	谐音、球衣号码	33	星星	"闪闪"的星星
24	闹钟	一天24小时	34	三丝	谐音（三根丝线）
25	二胡	谐音	35	山虎	谐音
26	河流	谐音	36	山鹿	谐音
27	耳机	谐音	37	山鸡	谐音
28	恶霸	谐音	38	妇女	节日
29	饿囚	谐音（饥饿的囚犯）	39	山丘、胃药	谐音、药名
30	三轮车	谐音	40	司令	谐音

第三组：

数字	编码	编码方式	数字	编码	编码方式
41	蜥蜴、司仪	谐音	51	工人	节日
42	柿儿	谐音	52	鼓儿	谐音
43	石山、死神	谐音	53	乌纱（帽）	谐音
44	蛇	蛇发出的声音	54	青年	节日
45	师父	谐音	55	火车	发出"呜呜"声
46	饲料	谐音	56	蜗牛	谐音
47	司机	谐音	57	武器	谐音
48	石板	谐音	58	舞吧、尾巴	谐音
49	湿狗	谐音	59	蜈蚣	谐音
50	武林、五环	谐音、形状	60	榴梿	谐音

第四组：

数字	编码	编码方式	数字	编码	编码方式
61	儿童	节日	71	机翼	谐音
62	牛儿	谐音	72	企鹅	谐音
63	流沙	谐音	73	（花）旗参	谐音
64	螺丝、律师	谐音	74	骑士	谐音

（续表）

数字	编码	编码方式	数字	编码	编码方式
65	尿壶	谐音	75	西服	谐音
66	蝌蚪	形状像蝌蚪	76	气流、汽油	谐音
67	油漆	谐音	77	机器（人）	谐音
68	喇叭	谐音	78	青蛙	谐音
69	绿舟、太极	谐音、形状	79	气球	谐音
70	麒麟、冰激凌	谐音	80	巴黎（铁塔）	谐音
81	白蚁、军人	谐音、节日	91	球衣	谐音
82	靶儿	谐音	92	球儿	谐音
83	芭蕉扇	谐音	93	旧伞	谐音
84	巴士	谐音	94	首饰	谐音
85	宝物	谐音	95	酒壶	谐音
86	八路	谐音	96	旧炉、酒楼	谐音
87	白旗	谐音	97	旧旗、香港	谐音、1997年回归
88	爸爸	谐音	98	球拍	谐音
89	芭蕉	谐音	99	舅舅、澳门	谐音、1999年回归
90	酒瓶	谐音	00	望远镜	形状

注：上面这四组表为我们记忆培训课程中的编码表，某些数字的谐音带有南方口音，在此仅做参考。

单数编码表

1——蜡烛	2——鹅	3——耳朵	4——小帆船	5——钩子	6——汤勺
7——锄头	8——眼镜	9——哨子			

附录 2
常用字母组合编码

字母组合	常用编码	字母组合	常用编码
ac	一次	mu	母、木
ad	阿弟、广告	ne	哪吒、女儿
ag	阿哥	nt	难题、奶糖
al	阿朗、所有	oot	7
am	阿妈、上午	op	oppo手机、藕片
ap	阿婆	oppo	oppo手机
apo	阿婆	or	偶然、偶人
ar	矮人、爱人	os	欧式
ation	爱心	ou	藕、鸥
bb	伯伯	ous	藕丝、欧式
be	是、白鹅	pe	胖鹅、胖姨
bl	玻璃、61	per	每一次、每个
bo	60	ph	配合、平衡
br	本人、病人、白人	phe	配合
bu	不	pl	漂亮、疲劳
ch	吃货、吃喝	pr	仆人
che	车	pro	东坡肉
chi	吃	pt	配图、葡萄
ck	刺客、仓库	py	朋友
cl	处理、测量、策略	ra	热爱
com	共同、公司、电脑	rb	日本
con	共同	rd	热带、蠕动
co	可乐	rk	肉块
cr	超人、承认	ro	人偶、肉
cu	醋、粗	rr	日日、人人
ct	餐厅	rt	认同、人体
dd	弟弟	ry	日语、溶液、人员
dis	的士、否定前缀，不	sc	市场、赛车
dr	当然、敌人	se	色
ee	眼睛、看见	sh	上海、伤害、说话

177

（续表）

字母组合	常用编码	字母组合	常用编码
ef	衣服	sion	婶、神
em	恶魔	sk	思考
en	儿女、英国人	sm	沙漠
ent	疑难题	sp	食品、视频
et	儿童、外星人	squ	身躯、山区、社区
er	儿	ss	首饰、婶婶、两条蛇
eve	脸	ssi	寿司
ex	恶习、一休	st	石头、师徒、身体
fi	父爱	sur	俗人
fe	飞蛾、铁	sw	食物、上午
fl	俘虏、法律	sy	鲨鱼、所以
fr	夫人、犯人、富人	ta	他、她、它
ge	哥	ter	天鹅绒、特热、徒儿
gh	规划、桂花、干活	th	图画、挺好、土豪
gl	公路、鼓励、管理	thou	天后
gr	工人、果然	tic	提出、题材、提倡
gy	公园	tion	神、心、新
ic	IC卡	tr	土壤、土人、铁人
id	身份证	tran	突然
im	姨母	tt	天天
iv	古罗马数字四	ty	同样、同意、太阳
ive	夏威夷	ue	友谊
ld	领导、劳动	un	联合国
ll	11	ur	友人
lm	立马	v	古罗马数字五
lo	10	va	挖、哇、娃
ly	旅游、老爷、六一	ve	维生素E、唯一
ma	妈	vi	古罗马数字六
mb	目标、毛笔	vivo	vivo手机
ment	门徒、门童	vo	我、窝
mm	妈妈	wa	哇、挖、娃
mp	门票	wh	武汉、晚会

注：以上编码仅供参考使用，大家了解字母组合编码原则，然后熟悉常用编码，在实际使用过程中懂得举一反三即可，不一定非得把上面的参考编码完整记忆下来使用。

附录 3
200 个必修单词记忆法

序号	单词	释义	拆分 / 联想
1	abduct	v. 诱拐，绑架，劫持	拆分：ab（阿伯）+du（肚）+ct（餐厅） 记忆：阿伯（ab）饿着肚（du）子在餐厅（ct）被绑架（abduct）了
2	able	adj. 有能力的；能干的；能够……的	拆分：ab（阿伯）+le（乐） 记忆：阿伯（ab）乐（le）意做，因为他是有能力的（able）
3	Aborigine	n. 澳大利亚土著人	拆分：Ab（阿伯）+origin（出身）+e（移） 记忆：阿伯（Ab）谈到他的出身（origin）的时候说，他不是移（e）民，是澳大利亚土著人（Aborigine）
4	about	adv. 大约；向四周 prep. 关于	拆分：ab（阿伯）+out（外出） 记忆：关于（about）阿伯（ab）外出（out）的事要小心
5	abroad	adv. 到（在）国外	拆分：ab（阿伯）+road（路上） 记忆：阿伯（ab）在去国外的路上（road）
6	absent	adj. 缺席的，不在的；缺乏的，不在场的	拆分：ab（阿伯）+sent（送走了） 记忆：阿伯（ab）被送走了（sent），所以这次会议是不在场的（absent）
7	abstract	adj. 抽象的，深奥的 n. 摘要，概要	拆分：ab（阿伯）+str（街道）+act（表演） 记忆：阿伯（ab）在街道（str）上表演（act）的是抽象的（abstract）
8	absurd	adj. 荒唐的，荒谬的	拆分：ab（阿伯）+su（诉）+rd（认定） 记忆：阿伯（ab）告诉（su）我他认定（rd）此事是荒谬的（absurd）
9	academy	n. 学院，学会；研究院	拆分：ac（一次）+ad（阿弟）+e（鹅）+my（我的） 记忆：一次（ac）阿弟（ad）带着鹅（e）来到我的（my）学院（academy）
10	adjective	n. 形容词	拆分：ad（阿弟）+je（继而）+ct（春天）+ive（夏威夷） 记忆：阿弟（ad）继而（je）来到春天（ct）般的夏威夷（ive），发现这里的美食用任何形容词（adjective）都无法形容

（续表）

序号	单词	释义	拆分/联想
11	admire	v. 钦佩	拆分：a（一）+dmi（低迷）+re（热） 记忆：一（a）个低迷（dmi）时依旧热（re）情的人值得钦佩（admire）
12	admission	n. 允许进入；入场费；承认	拆分：ad（阿弟）+mis（密室）+sion（婶） 记忆：阿弟（ad）的密室（mis）允许婶婶（sion）进入（admission）
13	admit	v. 准许进入；容许；承认	拆分：ad（阿弟）+mit（密探） 记忆：阿弟（ad）承认他是密探（mit）
14	advance	n. 预先；进步；预付款 v. 前进	拆分：ad（阿弟）+vance（万册） 记忆：阿弟（ad）读万册（vance）书后取得进步（advance）
15	advantage	n. 优势，有利条件；优点	拆分：ad（阿弟）+van（玩）+他（ta）+哥（ge） 记忆：阿弟（ad）最大的优点是：从不玩（van）坏他（ta）哥（ge）的玩具
16	adventure	n. 冒险（经历）；奇遇	拆分：ad（阿弟）+ven（问）+ture（土热） 记忆：喜欢冒险（adventure）的阿弟（ad）问（ven）土热（ture）得冒烟的地方能不能去
17	adverb	n. 副词	拆分：ad（阿弟）+verb（动词） 记忆：阿弟（ad）把一个动词（verb）变成了副词（adverb）
18	advertisement	n. 广告，广告宣传	拆分：ad（阿弟）+v（五）+er（儿）+ti（体）+se（色）+ment（门厅） 记忆：阿弟（ad）的五（v）个儿（er）子集体（ti）在特色（se）的门厅（ment）拍广告（advertisement）
19	advertising	n. 广告；广告活动；广告业	拆分：ad（阿弟）+v（五）+er（儿）+ti（替）+sing（唱） 记忆：阿弟（ad）的五（v）个儿（er）子在替（ti）别人唱（sing）广告（advertising）曲
20	advice	n. 意见，建议；忠告，劝告	拆分：ad（阿弟）+v（五）+ice（冰） 记忆：我的建议（advice）是阿弟（ad）不要一次吃五（v）块冰（ice）
21	advise	v. 劝告，忠告；建议；（向……）提供建议	拆分：ad（阿弟）+vi（六）+se（色） 记忆：阿弟（ad）提出了六（vi）个出色（se）的建议（advise）
22	aerial	adj. 航空的	拆分：a（一）+er（儿）+i（我）+al（阿朗） 记忆：有一（a）天儿（er）子告诉我（i）他想和阿朗（al）一起玩航空的（aerial）玩具

(续表)

序号	单词	释义	拆分/联想
23	alarm	n. 闹钟；警报器；惊慌，恐慌 v. 使惊恐	拆分：al（阿朗）+arm（手臂） 记忆：阿朗（al）伸长手臂（arm）关掉闹钟（alarm）
24	alert	adj. 警惕的 n. 警惕 v. 警告	拆分：al（阿朗）+ert（儿童） 记忆：阿朗（al）带着儿童（ert）出门，所以特别警觉（alert）
25	algebra	n. 代数（学）	拆分：al（阿朗）+ge（哥）+br（帮人）+a（一） 记忆：阿朗（al）的哥哥（ge）帮人（br）解决一（a）道代数（algebra）题
26	alligator	n. 短吻鳄	拆分：al（阿朗）+lig（立功）+at（在）+or（偶然） 记忆：阿朗（al）立功（lig）了，在（at）一个地方偶然（or）发现了短吻鳄（alligator）
27	alloy	n. 合金	拆分：a（一把）+llo（110）+y（椅） 记忆：一把（a）110（llo）斤重的椅（y）子是合金（alloy）做的
28	almost	adv. 几乎，差不多	拆分：al（阿朗）+mo（摸）+st（石头） 记忆：阿郎（al）几乎摸（mo）遍了河里的石头（st）
29	alone	adj. 独自的 adv. 独自地，单独	拆分：al（阿朗）+one（一个） 记忆：阿朗（al）一个（one）人被称为独自（alone）
30	also	adv. 也，还，而且	拆分：al（阿朗）+so（如此） 记忆：阿朗（al）也如此（so）棒
31	analyst	n. 分析家，分析师	拆分：an（一）+al（阿朗）+y（研）+st（石头） 记忆：一（an）位阿朗（al）先生通过研究（y）石头（st）成为了分析师（analyst）
32	annual	adj. 每年的 n. 年刊；年报	拆分：an（一）+nu（努）+al（阿朗） 记忆：一（an）位努（nu）力的年轻人阿朗（al）登上了每年的（annual）报刊
33	aphorism	n. 格言，警句	拆分：ap（阿婆）+h（椅子）+or（或者）+i（我）+sm（生命） 记忆：阿婆(ap)坐在椅子(h)上讲格言警句,或者(or)这对我来说是（is）生命（sm）的忠告
34	apology	n. 道歉，致歉，认错；谢罪	拆分：apo（阿婆）+lo（10）+gy（雇员） 记忆：阿婆（apo）欠这10（lo）个雇员（gy）一个道歉（apology）

（续表）

序号	单词	释义	拆分/联想
35	apparent	adj. 明显的；明白易懂的；表面上的	拆分：ap（阿婆）+parent（父母） 记忆：阿婆（ap）已为人父母（parent），这是明显的（apparent）
36	appear	v. 显露；出现，呈现；看来；好像	拆分：ap（阿婆）+pear（梨子） 记忆：阿婆（ap）带着梨子（pear）出现（appear）了
37	appendage	n. 附加部分，附属物	拆分：ap（阿婆）+pen（钢笔）+dage（大哥） 记忆：阿婆（ap）把一支钢笔（pen）作为附属物送给大哥（dage）
38	appendicitis	n. 阑尾炎	拆分：ap（阿婆）+pen（钢笔）+di（弟）+cit（词条）+is（是） 记忆：阿婆（ap）用钢笔（pen）在弟弟（di）病床前的词条（cit）上写的是（is）他得了阑尾炎（appendicitis）
39	appetite	n. 欲望；胃口，食欲	拆分：ap（阿婆）+pet（宠物）+it（它）+e（饿） 记忆：阿婆（ap）的宠物（pet），它（it）饿（e）的时候特别有食欲和胃口（appetite）
40	apple	n. 苹果	拆分：ap（阿婆）+ple（捧了） 记忆：阿婆（ap）捧了（ple）个苹果（apple）
41	appoint	v. 任命，委派；约定；指定	拆分：ap（阿婆）+point（指着） 记忆：阿婆（ap）指着（point）任命（appoint）的人
42	appointment	n. 约会；预约；任命，委任	拆分：ap（阿婆）+point（指着）+ment（门徒） 记忆：阿婆（ap）指着（point）门徒（ment）和他做约定（appointment）
43	approach	v. 靠近；接近；走近	拆分：ap（阿婆）+pr（仆人）+(c)oach（教练） 记忆：阿婆（ap）让仆人（pr）向教练（c)oach靠近（approach）
44	appropriate	adj. 合适的；恰当的，适当的；正当的	拆分：ap（阿婆）+pro（东坡肉）+pr（仆人）+i（爱）+ate（吃） 记忆：在适当的（appropriate）时候阿婆（ap）会拿东坡肉（pro）给仆人（pr）吃，他们特别爱（i）吃（ate）
45	approve	v. 批准；认可；赞成，同意	拆分：ap（阿婆）+prove（证明） 记忆：批准（approve）认可阿婆（ap）的证明（prove）
46	April	n. 四月	拆分：Ap（阿婆）+ri（日）+l（乐） 记忆：四月（April）阿婆（Ap）每日（ri）都快乐（l）

（续表）

序号	单词	释义	拆分/联想
47	aquarium	n. 水族馆；水族箱；养鱼缸	拆分：a（一）+qu（去）+ar（矮人）+i（我）+um（有名） 记忆：一（a）次去（qu）矮人（ar）那，我（i）带了个有名（um）的养鱼缸（aquarium）
48	Arabic	adj. 阿拉伯（人）的 n. 阿拉伯语	拆分：Ar（矮人）+ab（阿爸）+ic（IC） 记忆：矮人（Ar）的阿爸（ab）的IC（ic）卡上印着阿拉伯语（Arabic）
49	arbitrary	adj. 任意的；专制的，专横的；武断的	拆分：ar（矮人）+bit（笔筒）+r（扔）+ar（矮人）+y（用） 记忆：随心所欲的（arbitrary）矮人（ar）把笔筒（bit）扔（r）给了另一个矮人（ar）用（y）
50	arcade	n. 游乐场所；拱廊	拆分：ar（矮人）+ca（擦）+de（德） 记忆：矮人（ar）擦（ca）德（de）式拱廊（arcade）
51	architect	n. 建筑师	拆分：ar（矮人）+chi（吃）+te（特）+ct（餐厅） 记忆：矮人（ar）吃（chi）的这家特（te）色餐厅（ct）是这位建筑师（architect）建的
52	Arctic	adj. 北极的；北极区的 n. 北极	拆分：Ar（矮人）+c（才）+tic（提车） 记忆：矮人（Ar）才（c）提车（tic）就想开车去北极（Arctic）
53	argue	v. 争吵，争论；争辩；讨论	拆分：ar（矮人）+gu（估）+e（饿） 记忆：矮人（ar）估（gu）计是饿（e）了，都不和我争论（argue）了
54	argument	n. 争论，争吵；辩论；论点	拆分：ar（矮人）+gu（顾）+ment（门厅） 记忆：矮人（ar）和顾（gu）客在门厅（ment）发生了争吵（argument）
55	arm	n. 胳膊；手臂；上肢；武器；装备 v. 武装	拆分：ar（矮人）+m（麦当劳） 记忆：矮人（ar）的胳膊上有个麦当劳（m）的牌子
56	arrange	v. 安排；准备；整理；布置	拆分：ar（矮人）+rang（让）+e（衣） 记忆：矮人（ar）让（rang）我整理一下他的衣（e）柜
57	array	n. 布阵，阵列，排列	拆分：ar（矮人）+ray（射线） 记忆：矮人（ar）排成射线（ray）一样直的排列（array）
58	arrive	v. 到达，抵达	拆分：ar（矮人）+rive（r）（河） 记忆：矮人（ar）到达河边rive（r）发现没有草（r）
59	arrow	n. （弓）箭；箭头；箭头标记	拆分：ar（矮人）+row（排） 记忆：矮人（ar）把箭摆成一排（row）
60	art	n. 美术；艺术；美术课	拆分：ar（矮人）+t（他） 记忆：矮人（ar）他（t）热爱艺术（art）

(续表)

序号	单词	释义	拆分/联想
61	article	n. 文章；论文；冠词；物品；项目，条款	拆分：ar（矮人）+提（ti）+次（c）+了（le） 记忆：矮人（ar）已经提（ti）交过很多次（c）文章了（le）
62	artificial	adj. 人工的，人造的，非自然的；虚假的	拆分：ar（矮人）+tif（踢翻）+i（我）+ci（瓷）+al（所有） 记忆：矮人（ar）踢翻（tif）我（i）买的瓷（ci）器，因为所有（al）瓷器没有一件不是假的（artificial）
63	aural	adj. 听觉的；听力的	拆分：a（一）+ur（有人）+al（阿朗） 记忆：一（a）次有人（ur）给阿朗（al）测试了听觉的（aural）性能
64	average	adj. 平均的	拆分：a（一）+v（五）+er（儿）+age（年纪） 记忆：一（a）个五（v）岁儿（er）童的年纪（age）在班里处于平均的（average）水平
65	avoid	v. 避免	拆分：a（一）+vo（50）+id（身份） 记忆：一（a）份50（vo）个人的身份（id）信息，要避免（avoid）泄露
66	ballad	n. 民歌；民谣；（伤感的）情歌，歌谣	拆分：ball（舞会）+ad（阿弟） 记忆：舞会（ball）上阿弟（ad）唱起了民谣（ballad）
67	balloon	n. 气球；热气球	拆分：ba（爸）+lloo（1100）+n（门） 记忆：爸爸（ba）把1100（lloo）个气球黏在了大门（n）上
68	ballot	n.（尤指无记名的）投票	拆分：ba（爸）+llo（110）+t（趟） 记忆：爸爸（ba）为了投票，跑了110（llo）趟（t）
69	bear	n. 熊 v. 忍受；生育；经得起；负担；携带	拆分：be（是）+ar（矮人） 记忆：熊（bear）是（be）矮人（ar）的好朋友
70	belly	n. 肚子，腹部	拆分：be（是）+ll（11）+y（鱼） 记忆：这么大的腹部（belly）是（be）吃了11（ll）条鱼（y）
71	blame	vt. 责怪	拆分：b（不）+la（拉）+me（我） 记忆：他不（b）拉（la）掉进水里的我（me），受到了责怪（blame）
72	boundary	n. 边界，分界线；界限；范围	拆分：bound（范围）+ar（矮人）+y（要） 记忆：在有限的范围（bound）内，矮人（ar）要（y）划出一条分界线（boundary）
73	bull	n. 公牛；粗壮如牛的人	拆分：bu（布）+ll（11） 记忆：公牛（bull）看到红布（bu）发怒了，撞倒了11（ll）个人

(续表)

序号	单词	释义	拆分/联想
74	calendar	n. 日历，月历，挂历；日程表	拆分：ca（擦）+lend（借）+ar（矮人） 记忆：把日历（calendar）擦（ca）干净借（lend）给矮人（ar）
75	car	n. 小汽车，小轿车	拆分：c（乘）+ar（矮人） 记忆：小汽车（car）里的乘（c）客是小矮人（ar）
76	cello	n. 大提琴	拆分：ce（测）+llo（110） 记忆：大提琴（cello）测（ce）试排在110（llo）号
77	challenge	n. 挑战，考验 v. 挑战；邀请比赛	拆分：change（嫦娥）+ll（11）+e（鹅） 记忆：嫦娥（change）要带着11（ll）只鹅（e）一起上天，真是个挑战（challenge）
78	cheap	adj. 便宜的，廉价的	拆分：che（车）+ap（阿婆） 记忆：送辆便宜的（cheap）车（che）给阿婆（ap）
79	cigar	n. 雪茄烟，雪茄	拆分：ci（次）+g（给）+ar（矮人） 记忆：每次（ci）递给（g）矮人（ar）一支雪茄（cigar）
80	cigarette	n. 香烟，纸烟，卷烟	拆分：cig（赐给）+ar（矮人）+et（二条）+te（特） 记忆：赐给（cig）矮人（ar）二条（et）特（te）级香烟（cigarette）
81	clap	v.&n. 拍手；鼓掌	拆分：cl（惨了）+ap（阿婆） 记忆："惨了（cl）"，阿婆（ap）拍手（clap）说
82	complaint	n. 抱怨	拆分：com（公司）+pl（评论）+ai（唉）+nt（难听） 记忆：公司（com）贴吧的评论（pl）净是些唉（ai）声叹气，难听（nt）的抱怨（complaint）
83	contrary	n. 相反；反面 adj. 相反的	拆分：con（前缀，一起）+tr（突然）+ar（矮人）+y（一） 记忆：和矮人一起（con）散步，突然（tr）矮人（ar）说了一（y）句和我意思相反的（contrary）话
84	crab	n. 蟹	拆分：cr（超人）+ab（阿伯） 记忆：超人（cr）送给阿伯（ab）螃蟹（crab）
85	cradle	n. 摇篮；发源地	拆分：cr（脆弱）+ad（阿弟）+le（了） 记忆：脆弱（cr）的阿弟（ad）睡在了（le）摇篮（cradle）里
86	degree	n. 度数；程度	拆分：de（得）+gr（工人）+ee（眼睛） 记忆：得（de）近视的工人（gr）眼睛（ee）度数（degree）很高，程度（degree）很深
87	dictionary	n. 字典；词典	拆分：di（第）+cti（抽屉）+on（上）+ar（矮人）+y（要） 记忆：第（di）一个抽屉（cti）上（on）有矮人（ar）要（y）的词典（dictionary）

（续表）

序号	单词	释义	拆分/联想
88	dish	n. 盘；餐具；一道菜	拆分：di（阿弟）+sh（上海） 记忆：阿弟（di）在上海（sh）洗盘子（dish）
89	doll	n. 玩偶；玩具娃娃；洋娃娃	拆分：do（做）+ll（11） 记忆：我做（do）了11（ll）个玩偶（doll）
90	dollar	n. 美元	拆分：doll（玩具娃娃）+ar（矮人） 记忆：我用美元（dollar）买了玩具娃娃（doll）给矮人（ar）
91	dwarf	n. 矮子，侏儒，小矮人	拆分：d（打）+war（仗）+f（发） 记忆：打（d）仗（war）时发（f）现一个小矮人（dwarf）
92	ear	n. 耳朵	拆分：e（咦）+ar（矮人） 记忆：咦（e），第一次见小矮人（ar）的耳朵（ear）
93	effect	n. 影响	拆分：ef（恶犯）+fe（飞蛾）+ct（餐厅） 记忆：恶犯（ef）把飞蛾（fe）放入餐厅（ct），产生了不良影响（effect）
94	escape	v. 逃跑	拆分：es（二叔）+cap（帽子）+e（饿） 记忆：二叔（es）戴着帽子（cap）饿（e）着逃跑（escape）了
95	familiar	adj. 熟悉的，常见的	拆分：famil（y）（家庭）+i（我）+ar（矮人） 记忆：家庭famil（y）情况是我（i）和矮人（ar）很熟悉（familiar）
96	fanatical	adj. 狂热的	拆分：fa（发）+na（拿）+tic（体操）+al（阿朗） 记忆：发（fa）布拿（na）到体操（tic）冠军的是阿朗（al）这则消息后，狂热的（fanatical）粉丝们都很激动
97	fell	v. 跌落，掉下，落下（fall 的过去式） n. 沼泽地	拆分：fe（飞蛾）+ll（11） 记忆：飞蛾（fe）飞跃了11（ll）公里的沼泽地（fell）
98	follow	v. 跟随；明白，紧跟；遵守规则	拆分：fo（佛）+llo（110）+w（我） 记忆：佛（fo）后面跟随着110（llo）个我（w）
99	gallon	n. 加仑（容量单位）	拆分：ga（嘎嘎）+llo（110）+n（奶） 记忆：嘎嘎（ga）叫的鸭子喝了110（llo）加仑的奶（n）
100	garage	n. 停车房；车库，汽车修理厂	拆分：g（哥）+ar（矮人）+age（年） 记忆：哥哥（g）的矮人（ar）朋友把有了年头（age）的车停在车库（garage）里

（续表）

序号	单词	释义	拆分/联想
101	garden	n. 花园；果园 v. 做园艺工作	拆分：g（给）+ar（矮人）+de（德）+n（门） 记忆：给（g）矮人（ar）一座德（de）式的带门（n）的花园（garden）
102	garlic	n. 大蒜，蒜	拆分：g（给）+ar（矮人）+li（粒）+c（吃） 记忆：给（g）矮人（ar）一粒（li）能吃（c）的大蒜（garlic）
103	garment	n. 衣服；外衣	拆分：gar（给矮人）+ment（门童） 记忆：给矮人（gar）门童（ment）送一套工作的衣服（garment）
104	geography	n. 地理	拆分：ge（哥）+o（地球仪）+gr（工人）+ap（阿婆）+hy（海洋） 记忆：哥哥（ge）拿地球仪（o）给工人（gr）和阿婆（ap）讲关于海洋（hy）的地理（geography）学知识
105	gorilla	n. 大猩猩	拆分：go（去）+ri（日）+ll（11）+a（苹果） 记忆：大猩猩（gorilla）去（go）日（ri）光充足的地方摘11（ll）个苹果（a）吃
106	grab	vt.（突然或用力）抓住，夺取，攫取	拆分：gr（工人）+ab（阿伯） 记忆：工人（gr）阿伯（ab）抓住（grab）了我
107	graph	n. 图表；曲线图；坐标图	拆分：gr（工人）+ap（阿婆）+h（H型） 记忆：工人（gr）给阿婆（ap）绘制了一张H型（h）图表（graph）
108	guitar	n. 吉他	拆分：gui（贵）+t（他）+ar（矮人） 记忆：这把贵（gui）的吉他是他（t）买给矮人（ar）的
109	hall	n. 会堂；大厅；礼堂；走廊	拆分：ha（哈）+ll（11） 记忆：哈（ha），这是一个11（ll）米高的会堂（hall）
110	happen	v. 发生，出现	拆分：h（椅子）+ap（阿婆）+pen（钢笔） 记忆：椅子（h）上的阿婆（ap）用钢笔（pen）记录了刚刚发生（happen）的事情
111	hello	excl.&interj. 你好 int. 喂	拆分：he（他）+llo（110） 记忆：他（he）给110（llo）打电话，说："你好（hello）"
112	hoarfrost	n. 白霜	拆分：ho（厚）+ar（矮人）+fr（夫人）+os（欧式）+t（庭） 记忆：裹得厚（ho）的矮人（ar）看到富人（fr）的欧式（os）庭（t）院被白霜（hoarfrost）覆盖

(续表)

序号	单词	释义	拆分/联想
113	hobbit	n. 穴居矮人	拆分：ho（后）+bb（宝贝）+it（它） 记忆：看完穴居矮人（hobbit）后（ho）宝贝（bb）爱上了它（it）
114	increase	n. 增长	拆分：in（内）+crea（t）e（创造）+s（速） 记忆：在内（in）部创造crea（t）e快速（s）的增长（increase）
115	jar	n. 广口瓶；罐子，坛子	拆分：j（钩子）+ar（矮人） 记忆：用钩子（j）钩起矮人（ar）怀里的坛子（jar）
116	jelly	n. 果冻（状物）	拆分：je（金额）+ll（11）+y（元） 记忆：果冻（jelly）需要的金额（je）是11（ll）元（y）
117	journey	n. （尤指长途）旅行	拆分：j（加）+our（我们的）+n（能）+ey（鳄鱼） 记忆：加（j）入我们的（our）的旅行能（n）看到鳄鱼（ey）
118	kindergarten	n. 幼儿园	拆分：kind(善良的)+er(儿子)+gar(给矮人)+ten(十) 记忆：善良的（kind）儿子（er）给矮人（gar）开了十（ten）个幼儿园（kindergarten）
119	lap	n. 膝部；大腿；跑道的一圈；重叠部分 v. 拍打；包围	拆分：l（棍子）+ap（阿婆） 记忆：拄着棍子（l）的阿婆（ap）大腿（lap）在颤抖
120	leap	n. 飞跃 v. 跳（跃）；越过	拆分：le（乐）+ap（阿婆） 记忆：快乐（le）的阿婆（ap）在欢呼跳跃（leap）
121	learn	v. 学习；学会；获悉	拆分：le（乐）+ ar（矮人）+ n（门） 记忆：快乐（le）的矮人（ar）在门（n）边学习（learn）
122	liar	n. 撒谎者，说谎者	拆分：li（离）+ar（矮人） 记忆：远离（li）这位矮人（ar）说谎者（liar）
123	library	n. 图书馆	拆分：libr（礼拜日）+ar（矮人）+y（要） 记忆：礼拜日（libr）矮人（ar）要（y）去图书馆（library）
124	lunar	adj. 与月亮有关的；农历的；月球的	拆分：lun（轮）+ar（矮人） 记忆：轮（lun）船上的矮人（ar）过阴历的（lunar）生日
125	marathon	n. 马拉松赛跑；耐力的考验	拆分：m（每）+ar（矮人）+at（在）+h（椅子）+on（上） 记忆：每（m）天矮人（ar）都在（at）椅子（h）上（on）讲他跑马拉松（marathon）的事
126	matador	n. 斗牛士	拆分：mat（垫子）+ad（阿弟）+or（或） 记忆：坐在垫子（mat）上的阿弟（ad）或（or）许是一位斗牛士（matador）

附录

（续表）

序号	单词	释义	拆分/联想
127	meadow	n. 草地；牧场	拆分：me（我）+ad（阿弟）+o（圆）+w（玩） 记忆：我（me）带着阿弟（ad）去圆（o）形的牧场上玩（w）
128	mental	adj. 心理的	拆分：ment（门童）+al（案例） 记忆：门童（ment）这个案例（al）是一个心理的（mental）问题
129	metaphor	n. 隐喻；暗喻	拆分：met（遇见）+ap（阿婆）+hor（吼人） 记忆：遇见（met）一位阿婆（ap）吼人（hor）时习惯使用暗喻（metaphor）
130	mill	n. 制造厂，工厂	拆分：mi（米）+ll（11） 记忆：磨坊（mill）里的米（mi）有11（ll）袋
131	molecular	adj. 分子的	拆分：mo（没）+le（了）+cu（醋）+l（1）+ar（矮人） 记忆：没（mo）收了（le）一瓶醋（cu）给一个（l）矮人（ar）研究醋分子的（molecular）结构
132	moral	adj. 道德的 n. 品德；寓意；教育意义	拆分：mor（默认）+al（阿朗） 记忆：默认（mor）阿朗（al）是讲道德的（moral）
133	nap	n. 午睡，打盹 v. 小睡	拆分：n（那）+ap（阿婆） 记忆：那（n）个阿婆（ap）在打盹（nap）
134	nectar	n. 花蜜；甘露	拆分：ne（鸟儿）+ct（餐厅）+ar（矮人） 记忆：鸟儿（ne）飞进餐厅（ct）偷吃矮人（ar）酿的花蜜（nectar）
135	novel	n. (长篇)小说	拆分：no（不是）+ve（唯一）+l（长） 记忆：这不是（no）唯一（ve）的长（l）篇小说（novel）
136	oral	adj. 口头的，口述的 n. 口试，口语	拆分：or（偶然）+al（阿朗） 记忆：偶然（or）看见阿朗（al）在做口语（oral）的训练
137	oval	adj. 卵（椭圆）形的 n. 椭圆形	拆分：o（鸡蛋）+v（5）+al（阿朗） 记忆：把椭圆形的（oval）鸡蛋（o）分5（v）个给阿朗（al）
138	parade	n. 游行；阅兵；检阅 v. 游行	拆分：par（怕热）+ad（阿弟）+e（衣） 记忆：怕热（par）的阿弟（ad）脱了上衣（e）游行（parade）
139	parallel	adj. 平行的 n. 相似处；平行线	拆分：para（旁边）+ll（11）+el（恶狼） 记忆：旁边（para）有11（ll）只恶狼（el）并行（parallel）而走

（续表）

序号	单词	释义	拆分/联想
140	particular	adj. 特别的；特定的；某一的；挑剔的	拆分：part（部分）+i（我）+cul（粗略）+ar（矮人） 记忆：特别的（particular）部分（part）我（i）粗略（cul）地告诉了矮人（ar）
141	pedestal	n. 底座	拆分：pe（胖鹅）+de（的）+st（石头）+al（阿朗） 记忆：胖鹅（pe）形状的（de）石头（st）被阿朗（al）拿来当底座（pedestal）
142	pedicab	n.（人力）三轮车	拆分：p（破）+e（衣）+dic（底层）+ab（阿伯） 记忆：穿着破（p）衣（e）的底层（dic）劳动人民阿伯（ab）以蹬三轮车（pedicab）为生
143	penalty	n. 罚款，罚金；处罚	拆分：pen（钢笔）+al（阿朗）+ty（同意） 记忆：偷用钢笔（pen）没经过阿朗（al）本人同意（ty）因此受到惩罚（penalty）
144	photography	n. 照相术；摄影	拆分：photo（照片）+gr（工人）+ap（阿婆）+hy（回忆） 记忆：摄像（photography）的照片（photo）是工人（gr）和阿婆（ap）的回忆（hy）
145	picture	n. 图画	拆分：pi（批）+ctu（插图）+re（热） 记忆：这批（pi）插图（ctu）中有一些很热（re）门的图画（picture）
146	pillar	n. 支柱，柱子	拆分：pill（药丸）+ar（矮人） 记忆：生产药丸（pill）的厂是矮人（ar）的产业支柱（pillar）
147	pillow	n. 枕头；枕垫 v. 枕着头；靠在枕上	拆分：pi（皮）+llo（110）+w（卧） 记忆：用皮（pi）革做110（llo）个卧（w）室枕头（pillow）给我
148	poll	n. 民意调查	拆分：po（婆）+ll（11） 记忆：婆婆（po）做了11（ll）次民意调查（poll）
149	pollute	v. 污染；弄脏	拆分：po（泼）+ll（11）+u（桶）+te（特） 记忆：泼（po）了11（ll）桶（u）特（te）脏的水，污染（pollute）了河流
150	pollution	n. 污染；污染物	拆分：po（泼）+ll（11）+u（桶）+tion（心） 记忆：泼（po）了11（ll）桶（u）脏水，污染物污染了河水，真是痛心（tion）啊
151	powder	n. 粉末	对比：power（力量） 记忆：用力量（power）把豆（d）子打成粉末（powder）
152	president	n. 总统	拆分：pre（提前，前缀）+side（边上）+nt（拿铁） 记忆：提前（pre）在总统边上（side）放一杯拿铁（nt）

附录

（续表）

序号	单词	释义	拆分/联想
153	private	adj. 私人的	拆分：pri（平日）+va（娃）+te（特） 记忆：平日（pri）里娃娃（va）特（te）别注重私人的（private）空间
154	promise	v. 承诺	拆分：pro（前缀，前）+mise（协约） 记忆：在签协约(mise)之前(pro)，要先承诺(promise)
155	quarrel	n.&v. 争吵，争执；吵架	拆分：qu（曲）+ar（矮人）+rel（惹来） 记忆：曲（qu）解矮人（ar）的意思惹来（rel）争吵（quarrel）
156	rabbit	n. 兔子；家兔；野兔	拆分：r（让）+ab（阿伯）+bit（一点） 记忆：让（r）阿伯（ab）吃一点（bit）兔（rabbit）肉
157	radical	adj. 激进的	拆分：ra（热爱）+dic（地产）+al（阿郎） 记忆：热爱（ra）地产（dic）工作的阿朗（al）是一个激进的（radical）人（房地产形势好时，有很多敢冒风险的激进分子）
158	rational	adj. 理智的；合理的	拆分：ra（热爱）+tion（心）+al（阿朗） 记忆：热爱（ra）用心（tion）做事的阿朗（al）是理智的（rational）
159	read	v. 阅读；写着；看（read 的过去式）；通过阅读得知 n. 读物	拆分：re（热）+ad（阿弟） 记忆：热（re）情的阿弟（ad）喜欢阅读（read）
160	refuse	v. 拒绝	拆分：re（热）+fuse（肤色） 记忆：拒绝（refuse）热（re）天出门晒黑肤色（fuse）
161	regard	v. 将……认为；把……当作；看待；尊敬	拆分：re（热）+g（哥）+ar（矮人）+d（弟） 记忆：热（re）心的哥哥（g）把矮人（ar）当作弟弟（d）
162	regular	adj. 规则的；定期的；常规的；有规律的 n. 正规军	拆分：re（热）+gul（鼓励）+ar（矮人） 记忆：热（re）心鼓励（gul）矮人（ar）过有规律的（regular）的生活
163	rescue	vt. 营救	拆分：re（热）+sc（伤残）+ue（友谊） 记忆：热（re）心营救伤残（sc）人员，与他们建立了友谊（ue）
164	result	n. 结果	拆分：re（热）+su（塑）+l（料）+t（桶） 记忆：热（re）水装进塑（su）料（l）桶（t），结果（result）桶破了

(续表)

序号	单词	释义	拆分/联想
165	review	n. 复习	拆分：re（重复）+view（看） 记忆：重复（re）看（view）就是复习（review）
166	reward	vt. 奖励	拆分：re（热）+war（战争）+d（弟） 记忆：奖励（reward）热（re）心参战（war）的弟弟（d）
167	ruin	n. 废墟	拆分：ru（入）+in（里） 记忆：雨淋入（ru）废墟里（in）
168	salad	n. 沙拉；色拉	拆分：sal（洒了）+ad（阿弟） 记忆：沙拉（salad）洒了（sal），是阿弟（ad）干的
169	salary	n. 工资；薪水 vt. 给……薪水	拆分：sal（盐）+ar（矮人）+y（月） 记忆：用盐sal（t）补贴矮人（ar）一个月（y）的薪水（salary）（古时候盐很珍贵）
170	satellite	n. 卫星	拆分：sa（撒）+tell（告诉）+it（它）+e（眼睛） 记忆：卫星（satellite）是地球在外撒（sa）下的信息网，告诉（tell）我们它（it）用眼睛（e）看到的信息
171	seminar	n. 研讨会；讨论发言会；研究会；研讨课	拆分：se（色）+min（民）+ar（矮人） 记忆：这位出色（se）的农民（min）和矮人（ar）一起开研讨会（seminar）
172	separate	adj. 不同的；不相关的；分开的；单独的 v. 分开；分离	拆分：se（色）+p（盘）+ar（矮人）+ate（吃） 记忆：不同颜色（se）的盘（p）子被矮人（ar）分开来装吃（ate）的
173	shake	v. 摇动	拆分：sha（厦）+ke（可） 记忆：大厦（sha）可（ke）以摇动（shake）
174	soap	n. 肥皂；肥皂剧	拆分：so（太）+ap（阿婆） 记忆：衣服太（so）脏了，阿婆（ap）要用肥皂（soap）才能洗干净
175	sonar	n. 声呐	拆分：son（儿子）+ar（矮人） 记忆：儿子（son）教矮人（ar）用声呐系统（sonar）
176	spatial	adj. 空间的	拆分：sp（视频）+at（在）+i（我）+al（阿朗） 记忆：视频（sp）要在（at）我（i）家拍，阿朗（al）觉得拍摄是受限于空间的（spatial）
177	squad	n. 拉拉队	拆分：s（谁）+qu（去）+ad（阿弟） 记忆：谁（s）去（qu）把阿弟（ad）拉进啦啦队（squad）
178	star	n. 星星；恒星；明星 v. 主演	拆分：st（上天）+ar（矮人） 记忆：上天（st）去给矮人（ar）摘星星（star）
179	sugar	n. 糖；食糖	拆分：sug（速购）+ar（矮人） 记忆：速购（sug）矮人（ar）要的糖（sugar）

附录

(续表)

序号	单词	释义	拆分/联想
180	suggest	v. 建议	拆分：su（素）+gge（哥哥）+st（身体） 记忆：建议（suggest）吃素（su）的哥哥（gge）保重身体（st）
181	sullenly	adv. 闷闷不乐地；阴沉地	拆分：su（素）+ll（11）+en（恩）+ly（利用） 记忆：朴素（su）的11（ll）位恩（en）人因为被利用（ly）了显得闷闷不乐地（sullenly）
182	swap	v. 替换；交换 n. 交换	拆分：sw（食物）+ap（阿婆） 记忆：用食物（sw）和阿婆（ap）做了交换（swap）
183	swollen	adj. 肿胀的	拆分：s（是）+wo（我）+ll（11）+en（恩） 记忆：是（s）我（wo）把11（ll）个恩（en）人肿胀的（swollen）症状给治好了（军医）
184	tall	adj. 高的；高大的；有……高	拆分：ta（塔）+ll（11） 记忆：高（tall）塔（ta）的高度是11（ll）米
185	target	n. 目标；靶子；(批评等的)对象 v. 瞄准某物	拆分：t（他）+ar（矮人）+get（获得） 记忆：他（t）的矮人（ar）朋友把获得（get）好成绩当作目标（target）
186	tear	n. 眼泪；泪水 v. 扯破；撕裂	拆分：te（特）+ar（矮人） 记忆：特（te）别感动的矮人（ar）流下了眼泪（tear）
187	tell	v. 告诉；讲述；分辨；辨别；断定	拆分：te（特）+ll（11） 记忆：为了告诉（tell）你，特（te）意讲了11（ll）遍
188	temperature	n. 体温	拆分：te（特）+mp（面庞）+er（儿）+at（在）+u（桶）+re（热） 记忆：特（te）红的面庞（mp），是因为儿（er）子在（at）桶（u）里洗澡的水太热（re）了，体温（temperature）上升
189	thumb	n. 拇指	拆分：th（天后）+u（你）+mb（目标） 记忆：天后（th）对你（u）达到目标（mb）竖起拇指（thumb）
190	toll	n. (事故)伤亡数 v. (尤指为丧者)敲钟	拆分：toll（7011） 记忆：死亡总数（toll）是7011（toll）
191	varied	adj. 各不相同的；各种各样的；形形色色的；多变化的	拆分：v（五）+ar（矮人）+i（蜡烛）+ed（二弟） 记忆：五（v）个矮人（ar）把各不相同的蜡烛（i）送给二弟（ed）

（续表）

序号	单词	释义	拆分/联想
192	village	n. 乡村；村庄；村子；村镇	拆分：vi（6）+ll（11）+age（年） 记忆：这是一个有着6（vi）11（ll）年（age）历史的城镇（village）
193	vinegar	n. 醋	拆分：vine（fine 好）+g（给）+ar（矮人） 记忆：我送了品质很好（fine）的五（v）瓶醋给（g）矮人（ar）
194	wall	n. 墙；城墙；围墙；墙壁	拆分：wa（哇）+ll（11） 记忆：哇（wa），这堵墙有11（ll）米高
195	weapon	n. 武器	拆分：we（我们）+ap（阿婆）+on（上） 记忆：我们（we）在阿婆（ap）身上（on）发现了武器（weapon）
196	weight	n. 重，重量	拆分：w（皇冠）+eight（八） 记忆：这个皇冠（w）有八（eight）斤重（weight）
197	well	adj. 健康的 adv. 好（地）；顺利地；令人满意地 int. 噢；喔 n. 井；水井	拆分：we（我们）+ll（11） 记忆：我们（we）挖了11（ll）米深的井（well）
198	wonder	v. 想知道	拆分：wo（我）+nder（哪的人） 记忆：他想知道（wonder）我（wo）是哪的人（nder）
199	wound	n. 伤口	拆分：wo（我）+u（杯）+nd（拿到） 记忆：我（wo）倒了杯（u）清水拿到（nd）医疗室清洗伤口（wound）
200	yellow	adj. 黄色的 n. 黄色	拆分：ye（爷）+llo（110）+w（皇冠） 记忆：爷爷（ye）买了110(llo)个黄色的生日皇冠（w）

公司介绍

忆不容辞教育科技有限责任公司（趣记忆），由世界记忆总冠军、《最强大脑》中国战队总队长王峰和世界记忆总亚军、世界记忆冠军教练刘苏共同创立。

旗下"趣记忆APP"是国内首个应用"冠军记忆法"的移动互联网学习平台。旨在借助互联网技术，将专业的记忆课程输送给全国的教育机构和学生。通过线上线下相结合的方法实现教学的标准化、学习的个性化和效果的可量化。自公司成立以来，趣记忆始终秉承"让科学记忆流行起来"的企业使命，努力探索"移动互联网+科学记忆法"的全新途径和新模式，帮助学生真正做到轻松记忆、高效学习，助力中国的素质教育发展。

全国合作热线：400-168-5252

王峰团队：17343624799